James Mbaziira

Efeitos da alteração da ocupação do solo no ecossistema das pastagens

James Mbaziira

Efeitos da alteração da ocupação do solo no ecossistema das pastagens

ScienciaScripts

Imprint
Any brand names and product names mentioned in this book are subject to trademark, brand or patent protection and are trademarks or registered trademarks of their respective holders. The use of brand names, product names, common names, trade names, product descriptions etc. even without a particular marking in this work is in no way to be construed to mean that such names may be regarded as unrestricted in respect of trademark and brand protection legislation and could thus be used by anyone.

Cover image: www.ingimage.com

This book is a translation from the original published under ISBN 978-3-659-85366-1.

Publisher:
Sciencia Scripts
is a trademark of
Dodo Books Indian Ocean Ltd. and OmniScriptum S.R.L publishing group

120 High Road, East Finchley, London, N2 9ED, United Kingdom
Str. Armeneasca 28/1, office 1, Chisinau MD-2012, Republic of Moldova, Europe
Managing Directors: Ieva Konstantinova, Victoria Ursu
info@omniscriptum.com

Printed at: see last page
ISBN: 978-620-8-38445-6

ÍNDICE DE CONTEÚDO

DEDICAÇÃO 2
RECONHECIMENTO 3
LISTA DE ACRÓNIMOS 4
CAPÍTULO 1 5
CAPÍTULO 2 11
CAPÍTULO 3 23
CAPÍTULO 4 34
CAPÍTULO 5 48
CAPÍTULO 6 60
REFERÊNCIAS 63
APÊNDICE 1 68
APÊNDICE 2 71

DEDICAÇÃO

Dedico este trabalho ao meu Pai e à minha Mãe, Paul e Resty Mbaziira, que contribuíram para a minha educação, elevando a minha vida moral e social.

RECONHECIMENTO

Aproveito esta oportunidade para agradecer às pessoas e instituições que me apoiaram no desenvolvimento e redação desta dissertação. Sem o seu apoio, não teria conseguido concluir este trabalho de investigação.

Agradeço a todos os membros do curso de Utilização da Terra e Desenvolvimento Regional, no departamento de Geografia Geo -Informática e Ciências Climáticas da Escola de Ciências Florestais, Ambientais e Geográficas da Faculdade de Ciências Agrárias e Ambientais da Universidade de Makerere, Uganda. Agradeço ao Dr. Fredrick Tumwine, ao Dr. Festus Bagoora e ao Professor Associado. Prof. Basalirwa, Prof. Associado Ssengendo e outros pelos conhecimentos e competências que me transmitiram, sem os quais não conseguiria concluir os meus estudos com êxito.

Um agradecimento especial aos meus supervisores, Dr. Shuaib Lwasa e Dr. Yazidhi Bamutaze, pelo tempo precioso e pela orientação incansável que me deram na redação desta dissertação.

Agradeço também às autoridades locais e aos residentes do subcondado de Kakooge por me terem permitido realizar a investigação nas suas áreas e por terem respondido positivamente ao programa de entrevistas da investigação. Agradeço os serviços prestados pelos bibliotecários do Departamento de Geografia, Biblioteca Principal da Universidade de Makerere.

Estou muito grato aos meus familiares pelo seu apoio contínuo, encorajamento e perseverança na realização da dissertação.

LISTA DE ACRÓNIMOS

AI	ARIDITY INDICATOR.
EAWS	EAST AFRICAN WILDLIFE SOCIETY
FAO	FOOD AND AGRICULTURE ORGANIZATION.
GIS	GEOGRAPHICAL INFORMATION SYSTEMS
HA	HECTARE
ICRAF	INTERNATIONAL COUNCIL (CENTER) FOR RESEARCH IN AGRO-FORESTRY.
ILWIS	INTERGRATED LAND AND WATER INFORMATION SYSTEMS.
IIED	INTERNATIONAL INSTITUTE FOR ENVIRONMENT DEVELOPMENT
KDP	KAKOOGE DEVELOPMENT PLAN
MWE	MINISTRY OF WATER AND ENVIRONMENT
MDGS	MILLENNIUM DEVELOPMENT GOALS
MEA	MILLENNIUM ECOSYSTEM ASSESSMENT
MUIENR	MAKERERE UNIVERSITY INSTITUTE OF ENVIRONMENT AND NATURAL RESOURCES
MFPED	MINISTRY OF FINANCE, PLANNING AND ECONOMIC DEVELOPMENT
MWE	MINISTRY OF WATER AND ENVIRONMENT
NDFA	NAKASONGOLA DISTRICT FARMERS ASSOCIATION
NDER	NAKASONGOLA DISTRICT ENVIRONMENT REPORT
NEAP	NATIONAL ENVIRONMENT ACTION PLAN
NEMA	NATIONAL ENVIRONMENT AUTHOURITY
WRI	WORLD RESOURCE INSTITUTE
WSSP	WETLAND SECTOR STRATEGIC PLAN
NARO	NATIONAL AGRICULTURAL RESEARCH ORGANIZATION.
NFA	NATIONAL FOREST AUTHORITY
UBOS	UGANDA BUREAU OF STATISTICS
UTM	UNIVERSAL TRANVERSE MERCATOR
UNEP	UNITED NATIONS ENVIRNMENT PROGRAM
WPIA	WOODY PLANT INVENTORY ASSESSMENT

CAPÍTULO 1

INTRODUÇÃO GERAL

1.1: Antecedentes

As pastagens são ecossistemas sensíveis que podem ser negativamente afectados por uma utilização inadequada dos solos (Kisamba- Mugerwa, 2001). Estima-se que 60% dos ecossistemas mundiais estavam em declínio em 2004 (NEMA, 2004/5). De acordo com o PNUD (2007), a degradação da terra está generalizada no Uganda e é mais pronunciada no corredor seco que se estende diagonalmente do nordeste, passando pelo centro, até ao sudoeste do país. De facto, a Avaliação do Ecossistema do Milénio (2005), encomendada pelas Nações Unidas, concluiu que a procura crescente de serviços ecossistémicos nos últimos 50 anos foi satisfeita à custa da degradação dos ecossistemas e da perda de diversidade.

Globalmente, as pastagens cobrem mais de 47% da superfície terrestre, com 60% de cobertura na África Subsaariana em 2005 (Marlow, 2000; Kalema, 2010). No Uganda a cobertura de pastagens está estimada em 8400km^2 que é aproximadamente (40%) da área total de terra em 2000, (Kisamba - Mugerwa,2001).

As pastagens consistem maioritariamente em prados ou florestas de Savana que formam uma diversidade estrutural importante para plantas, animais e outros organismos, (Lumbin etal, 2000). As florestas de savana são consideradas de importância vital em termos de serviços ecológicos e económicos que sustentam os meios de subsistência locais e as economias nacionais; estes serviços ecossistémicos incluem, entre outros: proteção contra a erosão, melhoria do microclima, habitat para uma vasta gama de organismos, sequestro de carbono, madeira, alimentos e forragem para animais (FAO, 2005). No Uganda, os ecossistemas de pastagens contribuem consideravelmente para a subsistência das famílias, fornecendo combustível, forragem e medicamentos, produtos de importância cultural e segurança alimentar (Kalema, 2010).

Os padrões de utilização dos solos de qualquer região são o resultado de factores socioeconómicos e a utilização dos recursos naturais pelas famílias rurais para lenha e outros combustíveis de biomassa aumentará mais de 40% até 2030 (Arnold & Persson, 2003). Além disso, a terra está a tornar-se um recurso escasso devido à imensa pressão agrícola e demográfica (Lambin, et al., 2001). Por conseguinte, a informação sobre a utilização/ocupação do solo e as possibilidades da sua utilização optimizada é essencial para a seleção, o planeamento e a aplicação de esquemas de utilização do solo para satisfazer a procura crescente de necessidades humanas básicas e de bem-estar. Esta informação também ajuda a monitorizar a dinâmica dos usos do solo resultante da alteração das exigências do aumento da população.

A degradação das terras nas pastagens levou à redução das opções de subsistência económica e ao aumento da pobreza entre os pastores e agro-pastores (PNUD, 2007). Na África Oriental, as pastagens estão ameaçadas devido às pressões humanas (USAID, 2002); em algumas áreas, as condições das pastagens são afectadas pelo sobrepastoreio, juntamente com a destruição da vegetação e a erosão do solo (NEMA, 2004/5).

Além disso, as áreas de pastagem estão a experimentar uma taxa de crescimento populacional crescente, mudanças na pecuária, sob condições climáticas variáveis e políticas ambientais divergentes no Uganda (NEMA, 2004/5). Para além disso, as plantas lenhosas são facilmente destruídas, pelo que a sua qualidade e quantidade podem ser mantidas através de uma gestão adequada (Kisamba- Mugerwa, 2001).

As pastagens são consideradas como o segundo ecossistema mais frágil no Uganda, depois das terras altas, mas foi efectuada uma investigação limitada sobre as ameaças às pastagens (NEMA, 2007). Os estudos realizados não produzem uma estimativa abrangente da mudança de cobertura do uso da terra, bem como os padrões de mudança para as pastagens do Uganda ao longo do tempo (Buyinza, 2004). Os poucos estudos existentes relataram mudanças de arbustos e lenhosas em terras de pastagem numa magnitude entre 25% e 75% (Byenkya, 2004; Zziwa et al.,2011). Embora muitos factores, incluindo o cultivo, o pastoreio, o fogo, a queima de carvão, o aumento da população, a instabilidade política e as variações climáticas sejam citados entre os factores notáveis das mudanças na cobertura do uso da terra (Zziwa et al.,2011), no entanto, as avaliações dos padrões e magnitudes das mudanças, a desagregação dos factores e a espacialização dos seus efeitos ainda são subtis nas pastagens do Uganda.

No entanto, apesar das múltiplas funções dos ecossistemas de pastagens, não foram conservadas muitas delas, por exemplo, na África Central, que possui a maior parte das pastagens de África, apenas cerca de 4 a 5% estão conservadas ou num plano governamental a ser publicado. As pastagens estão em risco devido ao aumento da população que vive dentro ou à volta das pastagens, tornando inevitáveis os conflitos entre a utilização e a conservação (Kisamba- Mugerwa, 2001).

Por conseguinte, os dados sobre a ocupação do solo constituem a base para o planeamento e a gestão dos recursos. Os avanços no conceito de cartografia da vegetação aumentaram consideravelmente a investigação sobre a alteração da ocupação do solo, proporcionando assim uma avaliação exacta da disseminação e da saúde dos recursos florestais, pratenses e agrícolas do mundo. A observação da Terra a partir do espaço é agora crucial para a compreensão da influência das actividades do homem na sua base de recursos naturais ao longo do tempo. Em situações de mudança rápida e muitas vezes não registada do uso do solo, as observações da Terra a partir do espaço fornecem informações objectivas sobre a utilização humana da paisagem. Nos últimos anos, os dados provenientes de satélites de teledeteção tornaram-se vitais para a cartografia das caraterísticas e infra-estruturas da Terra, para a gestão dos recursos naturais e para o estudo das alterações ambientais.

O Sistema de Informação Geográfica (SIG) está atualmente a fornecer novas ferramentas para uma gestão avançada dos ecossistemas. A recolha de dados obtidos por deteção remota facilita a análise sinóptica da função do sistema terrestre, dos padrões e das alterações a nível local, regional e global ao longo do tempo; esses dados também fornecem uma ligação importante entre a investigação ecológica intensiva e localizada e a conservação e gestão regional, nacional e internacional da diversidade biológica (Wilkie e Finn, 1996). Este estudo quantifica o coberto vegetal de Kakooge entre 1987 e 2005 para compreender a taxa de alterações do coberto vegetal e do uso do solo, os factores determinantes e os efeitos que decorrem das suas variações espaciais e temporais.

1.2: : Descrição do problema

Os padrões de ocupação do solo de Kakooge mudaram nas últimas décadas (Kisamba-Mugerwa, 2001); os estudos sobre as pastagens atribuíram as mudanças espaciais e temporais da ocupação e uso do solo a métodos agrícolas tradicionais altamente eficientes (Lambin *et al.*, 2001).

No Uganda, a produtividade das pastagens está a diminuir e a NEMA 2004/5 comunicou um declínio de mais de 44% até 2002. Esta queda é parcialmente atribuída à pressão crescente da população (Zziwa *et al*, 2011). Como a produtividade das florestas continua a diminuir, a população é forçada a depender mais das zonas húmidas, alargando o cultivo a áreas marginais (NARO, 2005).

Assim, para atingir a sustentabilidade do ecossistema no Uganda, é necessário avaliar a magnitude, padrão e tipo de mudanças na cobertura do uso da terra e projetar as consequências de tais mudanças (FAO, 2004; MEA, 2005b). Além disso, o planeamento da gestão sustentável dos usos da terra existentes na área requer estudos da estrutura, composição e funcionamento ecológico e a compreensão da influência das práticas de uso da terra e dos factores ambientais nos padrões de cobertura da terra, composição e alterações é de grande importância no processo de uso e gestão da terra, uma vez que ajuda a uma conservação, planeamento e gestão eficazes (Walker & Stefan, 1996).

No entanto, a compreensão dos contextos em que as pessoas respondem e moldam os períodos de mudança da ocupação do solo e a forma como a sociedade acompanha a mudança parece ser uma questão largamente negligenciada e ainda menos compreendida. Espera-se que este estudo forneça informações aos decisores e aos profissionais do desenvolvimento sobre a magnitude e as dimensões das alterações a longo prazo da utilização e da ocupação do solo, os seus factores de mudança, os seus impactos e as estratégias comunitárias de atenuação nas zonas de estudo e arredores. A compreensão de tais alterações é fundamental para a formulação de políticas ambientais e estratégias de gestão eficazes (Agarwal et al., 2002). Por conseguinte, com base na informação gerada, foram identificadas e priorizadas as questões que necessitam de ação imediata. Além disso, o estudo dá uma visão geral das várias gamas de conhecimentos e práticas locais nas áreas de estudo, a partir das quais se pode basear o planeamento e a formulação de projectos futuros.

1.3: Objectivos do estudo

Objetivo principal

Contribuir para a nossa compreensão dos factores e impactos das alterações da cobertura vegetal nos ecossistemas das pastagens.

Objectivos específicos

i. Analisar as alterações da utilização e da ocupação do solo no subcondado de Kakooge.

ii. Estabelecer as forças motrizes das mudanças na utilização e ocupação do solo no sub-condado de Kakooge

iii. Analisar os efeitos das alterações da utilização e da ocupação do solo nas componentes biofísicas do ecossistema do subcondado de Kakooge.

1.4: Quadro concetual

O problema do estudo foi conceptualizado através da análise da possível rede de uso e ocupação do solo, dos factores determinantes e dos seus efeitos sobre as componentes biofísicas dos ecossistemas de pastagem no sub-condado de Kakooge, tendo sido identificadas três variáveis: factores de fundo (factores determinantes), utilização do solo (estratégias) e possível feedback (impactos).

Figura 1: O quadro concetual que mostra a ocupação do solo e os efeitos sobre as componentes biofísicas do ecossistema das pastagens.

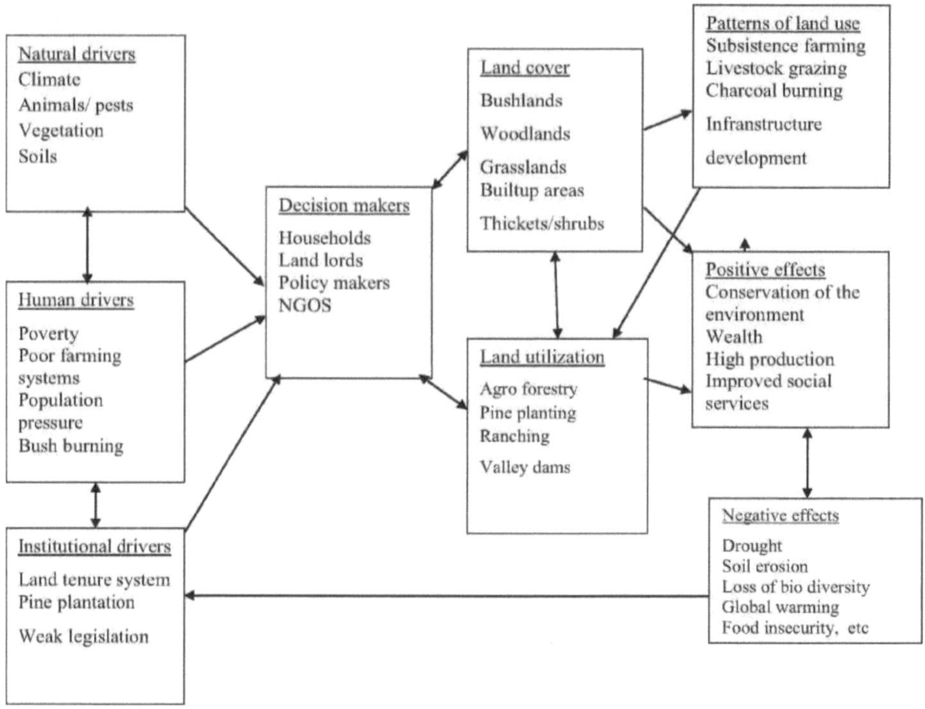

1.5: Questões de investigação

A fim de obter as informações necessárias do campo em relação ao quadro concetual, foram colocadas as seguintes questões:

i. Quais são as alterações espaciais e temporais da utilização e da ocupação do solo no subcondado de Kakooge?

ii. Quais são as principais causas e factores de mudança da cobertura do uso do solo no subcondado de Kakooge?

iii. Qual é o efeito das alterações do uso e ocupação do solo nas componentes bióticas e abióticas do ecossistema?

CAPÍTULO 2

REVISÃO DA LITERATURA

2.1: Introdução à utilização do solo e à alteração da ocupação do solo

A ocupação do solo é definida pelos atributos da superfície terrestre capturados na distribuição da vegetação, da água, do deserto e do gelo e da subsuperfície imediata, incluindo o biota, o solo, a topografia, as águas superficiais e subterrâneas, e inclui também as estruturas criadas exclusivamente por actividades humanas, como a exposição a minas e a colonização (Lambin et al., 2001). Por outro lado, a utilização da terra é o emprego pretendido e a estratégia de gestão colocada na cobertura terrestre por agentes humanos, ou gestores da terra, para explorar a cobertura terrestre e reflecte actividades humanas como zonas industriais, zonas residenciais, campos agrícolas, pastoreio, exploração madeireira e mineira, entre muitas outras (Zubair, 2006; Chrysoulakis *et al.*, 2004).

A mudança de uso da terra é definida como qualquer mudança física, biológica ou química atribuível à gestão, que pode incluir a conversão de pastagens em culturas, mudança na utilização de fertilizantes, melhorias na drenagem, instalação e utilização de irrigação, plantações, construção de barragens agrícolas, poluição e degradação da terra, remoção de vegetação, alteração do regime de incêndios, disseminação de ervas daninhas e espécies exóticas e conversão para usos não agrícolas (Quentin *et al.*, 2006).

As alterações do uso e ocupação do solo podem ser agrupadas em duas grandes categorias: conversão e modificação. A conversão refere-se a mudanças de um tipo de coberto ou de uso para outro, enquanto a modificação envolve a manutenção do tipo de coberto ou de uso alargado face a mudanças nos seus atributos (Baulies e Szejwach, 1998).

De acordo com Lambin (2001), a utilização sustentável dos recursos refere-se à utilização dos recursos ambientais para produzir bens e serviços de forma a que, a longo prazo, a base de recursos naturais não seja danificada para que as necessidades humanas futuras possam ser satisfeitas.

Um dos desafios globais mais significativos neste século está relacionado com a gestão da transformação da superfície terrestre que ocorre através de alterações no uso e ocupação do solo (Mustard et al., 2004, citado em Daniels et al., 2008). Estima-se que as áreas não perturbadas representem 46% da superfície terrestre. As florestas cobriam cerca de 50% da superfície terrestre há 8000 anos, contra 30% atualmente. A agricultura expandiu-se para as florestas, savanas e estepes em todas as partes do mundo para satisfazer a procura de alimentos e fibras (Lambin *et al.*, 2003). Com base em dados de diversas fontes, a Avaliação Global dos Recursos Florestais 2000 estimou que as florestas naturais do mundo diminuíram em 16,1 milhões de hectares por ano, em média, durante a década de 1990, o que representa uma perda de 4,2% da floresta natural que existia em 1990 (Lambin *et al.*, 2003).

A utilização da terra na África Oriental mudou rapidamente ao longo do último meio século: a expansão de sistemas mistos de culturas e pecuária para antigas terras de pastagem e outras áreas naturais e a intensificação da agricultura são as duas maiores mudanças detectadas (Olson e Maitima, 2006).

Por conseguinte, a classificação da ocupação do solo tem sido recentemente um tema de investigação importante para uma série de aplicações (Liang *et al.*, 2002). Tem sido efectuada uma grande quantidade de investigação em todo o mundo na tentativa de compreender as principais mudanças na utilização e ocupação do solo e de as relacionar com a alteração das condições ambientais. De acordo com Baulies e Szejwach (1998), durante as próximas décadas, a dinâmica da utilização dos solos desempenhará um papel importante na condução das alterações do ambiente global. Assim, a cartografia global da agricultura de regadio e de sequeiro, das zonas semi-naturais e do coberto florestal, reflectindo a sua dinâmica, pode contribuir para a avaliação das implicações biofísicas das alterações da utilização e do coberto do solo no sistema terrestre.

De um modo geral, a agricultura é considerada o principal fator de mudança da ocupação do solo nas regiões tropicais (Lambin et al., 2001 citado em Daniels *et al.*, 2008). Nos últimos 50 anos, na África Oriental, tem havido uma expansão da agricultura em detrimento das pastagens (Olson e Maitima, 2006). Antes de 1950, as zonas semi-áridas e sub-húmidas eram predominantemente pastoris, com povoações e cultivos dispersos, mas a partir de então registou-se uma transformação significativa das terras de pastagem em agricultura mista de culturas e pecuária. A compreensão dos mecanismos que conduziram às alterações do uso e ocupação do solo no passado é crucial para compreender as alterações actuais e prever as futuras. Estas alterações ocorreram em diferentes períodos de tempo, ritmos e graus de magnitude e com diversas implicações biofísicas (Baulies e Szejwach, 1998).

Por conseguinte, a investigação sobre as alterações do uso e da ocupação do solo tem de lidar com a identificação, a descrição qualitativa e a parametrização dos factores que conduzem às alterações do uso e da ocupação do solo, bem como com a integração das suas consequências e retroacções (Baulies e Szejwach, 1998). No entanto, um dos maiores desafios na análise LUCC é ligar o comportamento das pessoas à informação biofísica nas escalas espaciais e temporais adequadas (Codjoe, 2007). No entanto, argumenta-se que as tendências de alteração da utilização e da ocupação do solo podem ser facilmente avaliadas e associadas a dados populacionais, se a unidade de análise for a nível nacional, regional, distrital ou municipal.

As alterações do uso e ocupação do solo resultam de vários factores naturais e humanos em contextos sociais, económicos e políticos. Assim, as actividades humanas locais que exprimem os factores determinantes podem ser determinadas medindo as taxas e os tipos de alterações e analisando outras fontes de dados relevantes, como os perfis demográficos, as caraterísticas dos agregados familiares e as políticas relacionadas com a administração dos recursos terrestres.

Para o conseguir, é crucialmente importante considerar múltiplas fontes de informação e adquirir dados temporais, espaciais e outras formas não espaciais. Isto deve-se ao facto de os atributos da utilização dos solos serem complexos e de as fronteiras entre os diferentes tipos de dados serem bastante difusas (Baulies e Szejwach, 1998). Os estudos LUCC foram concebidos para melhorar a compreensão das forças humanas e biofísicas que moldam a alteração da utilização e da ocupação do solo. Assim, a ligação do comportamento humano e das estruturas sociais aos atributos biofísicos da terra é um aspeto fundamental da investigação LUCC (Baulies e Szejwach, 1998). A utilização e a ocupação do solo desempenham um papel importante nas alterações ambientais globais e na sustentabilidade, incluindo a resposta às alterações climáticas, os efeitos na estrutura e função dos ecossistemas, a diversidade genética e de espécies, o balanço hídrico e energético e o potencial agro-ecológico (Codjoe, 2007).

A cartografia da utilização e da ocupação do solo é uma das aplicações mais importantes e típicas dos dados de teledeteção (Chrysoulakis *et al.*, 2004). Os dados obtidos por teledeteção são uma ferramenta útil e têm valor científico para o estudo das interações homem-ambiente, especialmente as alterações na utilização e ocupação do solo (Dale *et al.*, 1993 citado em Codjoe, 2007).

Poucos estudos foram realizados para compreender as mudanças no uso e cobertura da terra e outras questões relacionadas nas áreas de estudo propostas. Zziwa *et al.*, (2011) efectuou uma análise de imagens de satélite do distrito entre 1985/86 e 2001/03. Ele descobriu que as terras de cultivo aumentaram em cerca de 4,2%, o que ocorreu em grande parte à custa de pastagens e terras de arbustos. Além disso, verificou-se que a cobertura florestal diminuiu cerca de 0,23% no mesmo período de tempo. A análise de imagens de satélite e de fotografias aéreas de 18 anos fornece provas da alteração do coberto vegetal. Verificou-se que a vegetação da bacia hidrográfica da zona húmida quase desapareceu em 2000, embora estivesse coberta por vegetação lenhosa densa no período entre 1986 e 2004. A zona húmida mostrou um aumento contínuo e estava completamente inundada por volta de 2000, enquanto estava quase seca por volta de 1990. Além disso, o número de casas na cidade de Kakooge, perto da zona húmida, aumentou muito neste período de análise.

2.2: Alteração da ocupação do solo nas pastagens

A mudança no uso e cobertura da terra é parte integrante e parcial da história humana na maior parte do mundo, resultante das mudanças nas populações humanas e civilizações (Perlin, 1989; Turner et al., 1990). No Uganda, as alterações do uso e cobertura da terra incluem a conversão de florestas, zonas húmidas e prados em culturas, a queima de prados e a limpeza de bosques para pastagem e lenha (Zziwa *et al.*, 2011; NEMA, 2007). Atualmente, ocorre uma grande transição de pastagens para florestas (Owoyesigire *et al.*, 2008).

A ocupação do solo pode ser alterada por fenómenos naturais como o clima, as inundações e os incêndios. Atualmente, a nível mundial, a ocupação do solo é alterada principalmente pela utilização humana direta: pela agricultura e pecuária, pela exploração e gestão florestal e pela construção e desenvolvimento urbano e suburbano. Há também impactos acidentais sobre o coberto vegetal decorrentes de outras actividades humanas, como as chuvas ácidas resultantes da combustão de combustíveis fósseis e as culturas próximas das cidades danificadas pelo ozono troposférico resultante dos gases de escape dos automóveis (Meyer, 1995).

Houve uma mudança na cobertura florestal nas pastagens da África Oriental desde 1980, de 71,4 milhões (ha) no final de 1980 para 65,5 milhões de ha no final de 1990, com uma perda de 0,6 milhões de ha (0,9% por ano, (FAO, 2010).

A diminuição das pastagens ao longo do tempo indica que houve uma expansão de outros padrões de cobertura de uso da terra nas pastagens, observada através do aumento da cobertura vegetal lenhosa (Coppock 1994, Smith, 2004). As pastagens são a principal fonte de alimentação para o gado (Zziwa *et al.*, 2011). Os prados são a principal fonte de alimentação do gado (Zziwa et al., 2011), conduzindo a uma grave degradação do solo devido ao pastoreio, como evidenciado pela expansão de terras nuas na maioria das pastagens (Mugerwa, 2012). O nível crítico de degradação dos prados atingiu uma condição irreversível, fazendo com que a vegetação lenhosa se expandisse (Smit, 2004).

As terras de cultivo de subsistência têm vindo a mudar ao longo do tempo com o tamanho médio das explorações agrícolas de cerca de 1 - 5 hectares (NLP, 2007). A cobertura das terras cultivadas tem vindo a aumentar anualmente nas pastagens africanas desde a década de 1960, indicando que muitas intervenções foram realizadas na produção de culturas ao longo dos anos com o objetivo de expandir a produção de culturas anuais para satisfazer a segurança alimentar tal como é percebida pelas comunidades (Getachew etal., 2010).

As plantações de coníferas constituem outro elemento e um uso estranho da terra na maioria das pastagens, a maioria das plantações (pinheiros e eucaliptos) foram estabelecidas em áreas formalmente ocupadas por matos, prados, terras de cultivo e bosques. (Zziwa *et al.*, 2011). A cobertura de terra nua está a diminuir, devido ao aumento dos padrões de terra coberta por vegetação florestal plantada que oculta a visibilidade da terra a partir do ar (Smit, 2004); embora as terras nuas continuem a ser um problema nas zonas agrícolas, pastoris e povoadas (Ayana, 2007).

A cobertura de uso da terra construída mostra um aumento consistente (mas com taxas diferentes) na maioria das pastagens, (Muluneh, 2003). Os aumentos na maioria das terras de assentamento estão relacionados com o tamanho da população (Smit, 2004). Assim, a pressão populacional contínua exerce pressão sobre a maioria dos recursos de pastagem através de assentamentos permanentes, reduzindo principalmente as terras de mato, florestas e zonas húmidas (Kalema, 2010).

2.3: Factores de mudança da cobertura do uso do solo

A cobertura do uso da terra é uma variável fundamental que tem impacto e liga muitas partes dos ambientes humanos e físicos e é considerada como a variável mais importante da mudança global que afecta os sistemas ecológicos (Kalema, 2010). Os padrões predominantes de utilização da terra nas pastagens africanas não representam uma gestão óptima dos recursos, mas a sustentabilidade dos ecossistemas depende fortemente das árvores e de outras plantas lenhosas. Assim, num país como o Uganda, para se conseguir uma gestão sustentável de ecossistemas de pastagens importantes, é necessário avaliar a magnitude, o padrão e o tipo de mudanças na cobertura do uso da terra e projetar as consequências de tais mudanças para a sua conservação (FAO, 2004; MEA, 2005b).

O resultado das mudanças na cobertura do uso da terra depende da expressão dos princípios fundamentais da natureza, ou seja, tempo, espécie, lugar, perturbação e paisagem (Dale *et al.*, 2000). Assim, as mudanças de uso da terra são amplamente causadas por factores externos e internos que influenciaram muitos regimes tradicionais de gestão de recursos na área (Muwanga, 2006).

2.3.1: Factores sociais

A principal causa da alteração da cobertura e uso da terra a nível mundial é a população humana e a forma como as pessoas usam e gerem a terra (Kalema, 2010; e Gobin et al., 2001). Também se salienta que as forças mais potentes para as alterações que actuam nas pastagens são os efeitos da alteração da utilização da terra resultantes dos efeitos diretos de uma população humana em expansão (MEA, 2005b). Para além do papel do crescimento da população ou da pobreza, existem outras forças complexas mais importantes da desflorestação tropical (Lambin *et al.*, 2001). Embora os resultados de inquéritos cuidadosos sobre a desflorestação tropical corroborem o ponto de vista de que o crescimento demográfico nunca é a única e, muitas vezes, nem sequer a principal causa subjacente à alteração da utilização e da ocupação do solo (Kisamba-Mugerwa, 2001)

Aumento da emigração de pessoas para a área de Nakasongola após a guerra do mato de 1986 (Zziwa *et al.*, 2011). Isto aumenta as áreas construídas, levando ao declínio da cobertura de matos e bosques (Lambin *et al.*, 2001). Esta situação pacífica parece ser uma razão fiável para o aumento das áreas construídas mesmo no subcondado de Kakooge.

A globalização é ainda uma força motriz da mudança da cobertura do uso do solo; ao remover barreiras regionais e reforçar os laços globais em detrimento das ligações nacionais (Lambin *et al.*, 2001). A rápida utilização do solo coincide com a incorporação de uma região numa economia mundial em expansão, em que as forças globais substituem ou reorganizam cada vez mais os factores locais que determinam a utilização do solo, embora as ligações à escala global liguem as fontes de procura à localização da produção, ameaçando a diversidade local nos padrões de utilização e ocupação do solo (NEMA, 2007).

A urbanização ocupa menos de 2% da superfície terrestre (Lambin *et al.*, 2001). Por exemplo, os habitantes das cidades dependem de sistemas florestais, agrícolas, húmidos, lacustres e marinhos que constituem uma área cerca de 1000 vezes maior do que a área urbana propriamente dita (Verburg *et al.*, 2000). Dado que os estilos de vida urbanos tendem a aumentar as expectativas de consumo e que 60% da população mundial será urbana até 2025 (PNUD, 2005), a ligação rural-urbana ou a "pegada ecológica" urbana é fundamental para as avaliações do uso e ocupação do solo (Kalema, 2010).

Incêndios provocados por carvoeiros, culturas itinerantes e queima intencional de ervas secas velhas e matança de carraças por criadores de gado (MEA, 2005b). De facto, o fogo é um fator ecológico fundamental que influencia a resposta funcional das plantas lenhosas em habitats propensos a tais perturbações (Clarke *et al.,* 2005). No entanto, os impactos dos incêndios nas funções e dinâmicas do ecossistema são influenciados pela intensidade e frequência do fogo na vegetação em que ocorrem (Kalema, 2010). O fogo frequente na maioria das savanas equatoriais africanas pode ser um constrangimento importante para a reprodução de espécies lenhosas e para a redução da matéria orgânica e do azoto da camada superior do solo (Kafeero, 2007). A intensidade e frequência excessivas do fogo também podem levar a mudanças irreversíveis nos processos ecológicos, tais como a perda de matéria orgânica do solo, erosão, perda de biodiversidade, mudanças de habitat para muitas espécies de plantas e animais (MEA, 2005b).

2.3.2: Factores económicos

O cultivo itinerante, o pastoreio e as queimadas desempenham um papel fundamental na modificação e transformação dos ecossistemas das pastagens (Kalema, 2010). Outras formas de cultivo itinerante conduzem à desflorestação, com a consequente perda de matéria orgânica da camada superior do solo e de fósforo disponível, causando perda de produtividade do solo (Buyinza, 2004); A manipulação da vegetação através de práticas de uso da terra que causam perda de qualidade do habitat pode resultar em perda de rendimentos, serviços ambientais, segurança alimentar nacional e receitas do turismo, degradação do habitat e perda de biodiversidade (MEA, 2005a).

A pobreza encoraja as pessoas a aumentar a dependência das florestas para agricultura e pastagem adicionais (Chipika et al., 2000). Além disso, tais condições incentivam as comunidades rurais a aumentar a colheita de produtos florestais para venda para complementar os rendimentos, causando assim a desflorestação e/ou a degradação das florestas (Kalema, 2010).

A elevada dependência da lenha e do carvão para cozinhar é uma das principais causas da desflorestação (Ezzati *et al.*, 2001); estima-se que a extração de madeira das florestas tropicais para a produção de madeira, de carvão e de lenha constitua 68% das causas imediatas da desflorestação em África até 2000, 89% na Ásia e 51% na América Latina (Lambin et al., 2001). Foi demonstrado que os impactos da extração de madeira das florestas são geralmente mais elevados perto da aldeia e diminuem com a distância das povoações (Luoga *et al.*, 2002).

2.3.3: Factores ecológicos

As florestas e os prados, em particular, sofreram alterações em grande escala (Kafeero, 2008), estimando-se que, entre 1700 e 1980, a área de florestas e bosques tenha diminuído globalmente em 19% e a de prados em 8%, enquanto as terras de cultivo aumentaram 466% (Richards, 1990). As mudanças na utilização dos solos que alteram as perturbações naturais são susceptíveis de provocar alterações na abundância e distribuição, na composição das comunidades e na função do ecossistema das pastagens (Yarie *et al.*, 1998).

A precipitação não fiável e os extremos de temperatura podem estar a contribuir para a invasão lenhosa (Zziwa *et al.,* 2011); houve mudanças notáveis em Nakasongola entre 1961 e 2010 e com uma forte influência na invasão lenhosa (Kigenyi, 2002); uma vez que os anos de invasão lenhosa são anos de seca que levam à morte de gramíneas com raízes pouco profundas e a água só é acedida por árvores com raízes longas (Shackleton *et al.*, 2002).

As térmitas alimentam-se de vegetação fresca competindo com o gado e manchas de solo nu (Zziwa *et al.*, 2011); os danos causados pelas térmitas são equívocos tanto nas pastagens como nas terras de cultivo, uma vez que recorrem à alimentação de vegetação fresca devido à escassez de materiais secos e são, portanto, considerados como uma grande ameaça à disponibilidade de folhagem no distrito de Nakasongola (Mugerwa *et al.*, 2011). Isto implica que há uma intensificação das actividades das térmitas nas pastagens do Uganda.

2.3.4: Factores políticos.

A divisão dos ranchos em pequenas explorações agrícolas e a individualização da terra em 1994 em Nakasongola levou a um aumento das vedações e a uma maior subdivisão da terra em parcelas mais pequenas, que já não podiam suportar o pastoreio do gado, daí a adoção da produção agrícola (Zziwa *et al.*, 2011). O sistema de pastoreio restringe a mobilidade dos animais e conduz a um excesso de gado, limitando assim a regeneração das pastagens/arbustos (Mugerwa *et al.*, 2011).

O uso e a cobertura da terra observados nas paisagens são um reflexo das decisões agregadas de uso da terra ao nível do agregado familiar (Lambin *et al.*, 2001). As mudanças no uso e cobertura da terra e a qualidade ambiental, no entanto, também estão associadas particularmente às práticas de gestão aplicadas em determinados tipos de uso da terra (NEMA, 2004/5).

2.4: Os efeitos da alteração da utilização e da ocupação do solo

A população humana obtém alimentos e fibras essenciais dos ecossistemas de pastagem, esta influência afecta a magnitude, o ritmo e a continuidade temporal (MEA, 2005b). A alteração da cobertura do solo afecta diretamente a diversidade biótica (Zziwa *et al.*,2010); que por sua vez afecta os componentes bióticos (IPCC, 2007).

2.4.1: Efeitos da alteração da ocupação do solo nas plantas e nos animais

A alteração do uso e cobertura do solo também contribui para as alterações regionais e globais da composição atmosférica, afectando a qualidade e a quantidade da produção primária (IPCC, 2007). As alterações da composição atmosférica determinam novas formas de crescimento das plantas e de composição química que não só afectam a produção animal, mas também influenciam as interações atróficas que podem acelerar outras alterações da utilização dos solos (Buyinza, 2004).

A conversão subsequente dos padrões de cobertura da terra altera muito a funcionalidade dos ecossistemas e muda-os para um estado estável diferente (Lambin *et al.*, 2001). Consequentemente, a subsistência das comunidades que dependem da integridade dos ecossistemas naturais para produtos e serviços torna-se cada vez mais ameaçada, (IPCC, 2000); como o estudo de biomassa por distrito, a taxa de madeira/desmatação entre 1990 e 2005 reduziu o total de florestas em 60% no distrito de Nakasongola (NDER, 2009).

De acordo com a Política de Uso da Terra do Uganda (2007), a cobertura do uso da terra afetada pelo sobrepastoreio leva à invasão de arbustos e de outras plantas nocivas que, por sua vez, reduzem o pasto disponível; durante o período de seca, a água e a folhagem são escassas, os pastores deslocam-se mais de 2,5 km para lhes aceder, afectando a qualidade do gado (Vanegas *et al.*, 1992).

2.4.2: Efeitos nos solos e no clima

As alterações da cobertura do solo contribuem para o aquecimento global do clima (IPCC, 2007) e para as alterações e variabilidade climáticas locais e regionais (IPCC, 2001). As alterações na cobertura das pastagens conduzem a chuvas erráticas, altamente sazonais e torrenciais que resultam em inundações (Zziwa *et al.,* 2011). Embora a maior parte da região das pastagens receba significativamente mais chuva (750 mm), permite o cultivo de culturas (Kisamba- Mugerwa, 2001; MAAIF, 2002); a desflorestação em grande escala leva à redução da precipitação e ao aumento das temperaturas (NEMA, 2009).

As variações de temperatura dependem das estações e da cobertura de nuvens nos céus (FAO, 2007). Em partes do corredor do gado, os efeitos da seca tendem a ser muito severos, o que se reflecte na menor cobertura de nuvens. (Kisamba- Mugerwa, 2001). A acumulação de fumo dos incêndios florestais contribui para a acumulação de dióxido de carbono atmosférico, o que contribui para as alterações climáticas globais. (NDER 2007, NEMA, 2009). De um modo geral, as temperaturas globais deverão aumentar entre 1,8 e 4,0 °C até 2100. Prevê-se que cerca de 20 a 30% das espécies vegetais e animais estejam em risco de extinção nas pastagens (FAO, 2007).

Conflitos de uso da terra, particularmente entre os sectores agrícola e florestal,

(Getachew etal., 2010). A baixa produtividade agrícola e a desflorestação para expansão de terras aráveis têm sido a principal forma de conservação do uso da terra utilizada no Uganda, particularmente no Distrito de Nakasongola, durante séculos (Buyinza, 2004).

Degradação do solo (Ezzati et al., 2007). A queima sazonal de ervas e arbustos expõe a terra à erosão hídrica e eólica (NDER, 2009). Tal como as secas expõem o solo aos caprichos da degradação da terra pela erosão hídrica e eólica (Muleneh, 2003).

CAPÍTULO 3

METODOLOGIA

3.1: Localização da área de estudo

O estudo foi realizado no subcondado de Kakooge, localizado a sul do lago Kyoga, no centro do Uganda, e situado entre 0^0 57' 44,89' e 1^0 40' 42,76' latitude norte e entre 31^0 58' 03,77' e 32^0 48' 00,29' longitude leste.

Figura 2: Localização do sub-condado de Kakooge no distrito de Nakasongola

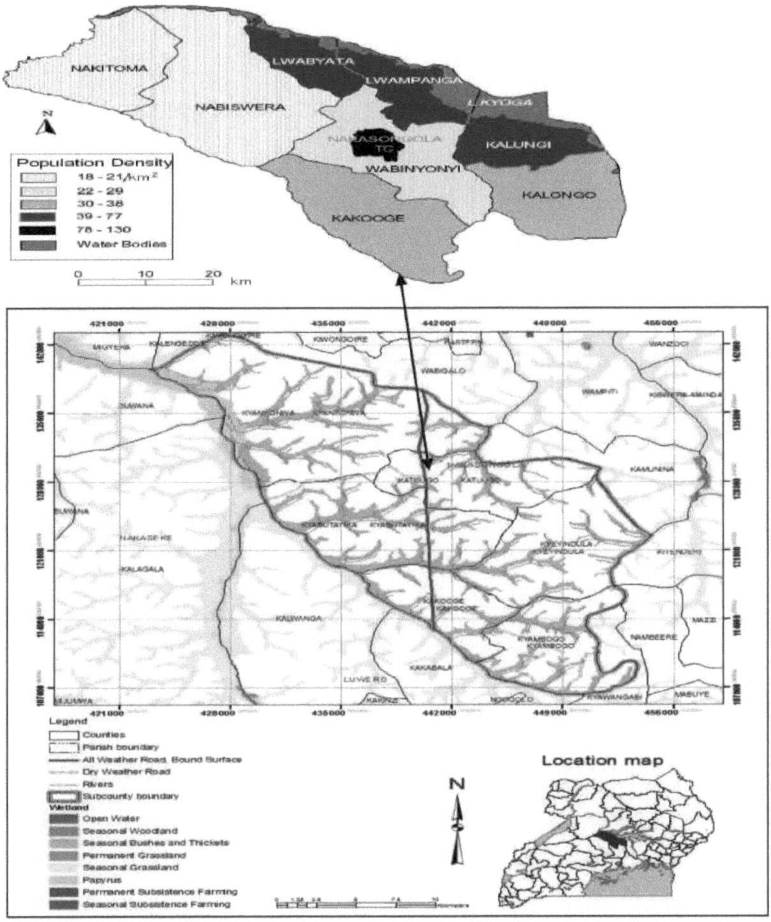

3.2: População e actividades económicas

O subcondado de Kakooge tem um total de 4241 agregados familiares, uma densidade populacional de 43 pessoas por quilómetro quadrado com uma taxa de crescimento populacional de 3,2% por ano. A população total em 2002 era de 20622 pessoas; 10.296 homens e 10.151 mulheres (UBOS, 2002; estimativas de 25.174 pessoas UBOS, 2009) encontradas em seis paróquias com em Kakooge nomeadamente; Kakooge TC, Katuugo, Kyeyindula, Kyankowa, Kyabutayika e Kyambogo, que constituem o subcondado (UBOS, 2002). Cerca de 95,3% da população total vive em zonas rurais e depende inteiramente dos recursos da terra (UBOS, 2002). Os principais grupos étnicos incluem os Baganda (70%) e os Baruli (28%).

A agricultura é a atividade principal, com 83% da população a depender da agricultura de subsistência, do pastoreio de gado (a população bovina em 2008 era de 114000 cabeças), enquanto a queima de carvão é realizada para complementar o rendimento (KDP, 2011).

3.3: Relevo, solos e vegetação

Kakooge situa-se no planalto central entre 1000 metros e 1400 metros acima do nível do mar, caracterizado por extensas planícies onduladas uniformes com amplos pântanos sazonais e rochas aflorantes de séries sedimentares mesozóicas e fluxos de basalto terciário (NDER, 2009). Os solos são principalmente formações complexas do subsolo intemperizado da era pré-cambriana, constituídas por gneisses e granitos (solos do tipo petricplinthosols) (Buyinza, 2004). O Kakooge tem cerca de 475 km^2 de florestas e prados e 32 km^2 de águas abertas e zonas húmidas (KDP, 2011).

3.4: Clima

A área recebe um regime de precipitação bimodal, com a primeira estação chuvosa a ocorrer nos meses de março-maio e a segunda em setembro-novembro. A precipitação média anual varia entre 500 mm e 1600 mm com variações sazonais e secas prolongadas num intervalo de 8 a 12 anos. A temperatura mínima diária média varia entre 15^0 C e $20,9^0$ C, enquanto a temperatura máxima diária média varia entre $25,4^0$ C e 33,7^0 C. A humidade média varia entre

80% de manhã e 56% à tarde. A evapotranspiração potencial mantém-se elevada ao longo do ano (~130 mm/mês e ~1586 mm/ano) e apresenta uma menor variabilidade do que a precipitação.

3.5: Inquérito de campo e métodos de recolha de dados

O objetivo final do inquérito de campo realizado era recolher informações qualitativas e quantitativas que ajudassem a compreender, explicar e interpretar melhor a alteração do uso e ocupação do solo, que é a questão central deste estudo. Assim, para compreender as tendências das alterações dos recursos, é necessária informação histórica, que pode ser obtida utilizando dados qualitativos e quantitativos recolhidos através de entrevistas e discussões de grupo com informadores selecionados que se acredita terem uma boa compreensão das questões de interesse. Assim, foram realizadas entrevistas individuais detalhadas e discussões de grupo com 33 informadores-chave selecionados de cada freguesia de estudo para recolher os dados necessários.

Também foram estabelecidas parcelas de amostragem para criar um inventário de plantas lenhosas existentes no sub-condado de Kakooge para orientar sobre a forma como as plantas lenhosas têm sido utilizadas e assegurar os efeitos da sua utilização na diversidade. Neste caso, as paróquias de Kyeyindula, Kakooge e Katuugo foram selecionadas propositadamente para actuarem como paróquias de amostra na realização de um inventário. Para estabelecer parcelas de amostragem nas freguesias acima referidas, foi traçado um transecto de 65 metros no terreno nas respectivas florestas em cada freguesia, onde foi demarcado um ponto de controlo que serviu de centro para a parcela de amostragem. Após a localização do centro, foi medido um raio de 50 metros com uma fita métrica e uma corda de sisal a partir do centro de cada uma das parcelas demarcadas no terreno. O raio medido foi rodado enquanto se colocavam estacas de árvores para demarcar os limites. Usando o mesmo procedimento, foram estabelecidas duas subparcelas perto e longe das povoações ao longo do mesmo transecto, usando uma corda de sisal que irradiava do centro, cada uma com um raio de 20 metros, para avaliar estacas e mudas, respetivamente. O estabelecimento e a enumeração das parcelas foram efectuados com a ajuda dos membros da comunidade local. As plantas lenhosas identificadas foram registadas nas línguas locais com o seu número na ficha de avaliação de plantas lenhosas como plantas maduras ou mudas para análise posterior.

Para selecionar os participantes, foi utilizada uma técnica de amostragem intencional, que envolve a seleção de indivíduos que se adequam ao tema e à natureza do estudo, utilizando critérios de seleção pré-determinados, através de consulta aos Agentes de Desenvolvimento das respectivas áreas de estudo. Foi elaborado um questionário (ver Anexo I) que cobria uma vasta gama de tópicos relevantes para a questão central de interesse. Foi também pré-testado de modo a avaliar a compreensibilidade das perguntas, tendo sido efectuadas modificações em conformidade.

Foram recolhidos pontos de controlo no solo (GCPs) para ajudar em diferentes etapas do processamento e classificação de imagens para deteção de alterações. Para além disso, foi feita observação no terreno para obter melhor informação sobre a natureza das várias classes de uso e ocupação do solo prevalecentes na área.

Quadro 1: População e dimensão da amostra para o subcondado de Kakooge

Paróquia	População total	Aldeias	Cultivadores	Pecuária	Carvão vegetal	Conselhos locais	Total dimensão da amostra
Kakooge	4574	9	12	13	6	02	**33**
Kyeyindula	2915	11	15	08	08	02	**33**
Kyambogo	4016	10	16	11	06	02	**33**
Kyabutayika	3099	12	14	10	07	02	**33**
Katuugo	3384	8	13	10	08	02	**33**
Kyankonwa	2632	8	16	09	06	02	**33**
Total	**20622**	**58**					

3.6: Descrição das classes de ocupação do solo

Com base na observação no terreno e nas informações históricas gerais obtidas dos participantes durante o inquérito, foi decidido concentrar-se nas seguintes classes principais de ocupação do solo, resumidas a seguir:

Zonas húmidas

Constituem o maior ecossistema de cobertura do solo da superfície terrestre (80%). A categoria de zonas húmidas engloba as áreas localizadas na planície que sofrem inundações frequentes e imersão em água e estão cobertas por vegetação de zonas húmidas, incluindo gramíneas. A utilização final destas terras era como local de pastagem e de detenção de gado. Atualmente, essas áreas foram convertidas em terras cultivadas para a produção de culturas alimentares e outras culturas de rendimento.

Terras agrícolas de subsistência

Estas formavam áreas utilizadas para o cultivo de sequeiro praticado por agro-pastores, envolvendo basicamente o cultivo de culturas alimentares como o milho, a mandioca, o feijão, etc.

Terras agrícolas comerciais

Estas são caracterizadas por plantações de café, hortas de milho em grande escala e ranchos em prados fechados e abertos, especialmente nas paróquias de Katuugo e Kyeyindula, com o rancho Ekitangala como centro de demonstração.

Povoações/ aglomerados urbanos

Estes eram tanto assentamentos rurais como assentamentos permanentes nos centros comerciais. Os aglomerados rurais eram dominados por casas de barro (semipermanentes), especialmente nas zonas pastoris, enquanto as zonas onde se praticava a agricultura comercial, as plantações florestais e o comércio permitiam às pessoas obter rendimentos que lhes permitiam melhorar a habitação.

Prados

Os prados eram áreas com cobertura de erva permanente utilizadas para pastoreio; isto indicava uma área de pastoreio fora da copa das árvores.

Arbustos

Estas formações de prados arbustivos cobriam cerca de 20% da área terrestre, sob a forma de arbustos, havia árvores dispersas, erva alta e algumas árvores espinhosas nas áreas de Kyankonwa, katuugo.

Bosques

Esta classe formava a classe de ocupação do solo número três e parte da classe 4; consistia em áreas com árvores de madeira dura, arbustos mistos e arbustos, matagais arborizados, noutras áreas as florestas são cobertas por copas de árvores espaçadas e mais próximas. Os bosques cobriam 1200 hectares com espécies de árvores de montanha da savana como: Combretum, Terminalia, Acacia brevispica, Canthium lactescens, Grevia mollis, Teclea nobilis e Vernonia brachycalyx. A espécie de erva dominante é principalmente Hyparrhenia rufa (KDP, 2011 e Mugerwa, 2011).

Plantações florestais

Esta categoria é composta por pinheiros e eucaliptos plantados. Mais de 1600 hectares de pinheiros que foram plantados desde os anos 90, 13.436ha são de reservas florestais com cobertura florestal de Katuugo (3.138ha) e reserva florestal de Kasagala (10.298ha), (KDP, 2011).

3.7: Etapas da análise de imagens de satélite para a alteração do coberto vegetal

A fim de cobrir o período de estudo pretendido, foram utilizados diferentes tipos de imagens provenientes de diferentes tipos de sensores. Assim, o Landsat Thematic Mapper (TM) e o Enhanced Thematic Mapper Plus (ETM+) de 1987 e 2005, respetivamente, juntamente com o software ILWIS 3.3 e o SIG, foram utilizados para obter uma série temporal de imagens para o estudo da alteração da ocupação do solo.

3.7.1: Classificação de imagens

A imagem Landsat de 2005 era a imagem mais recente disponível para as áreas de estudo e serviu como imagem de referência. Por conseguinte, foi possível efetuar uma visita ao terreno e recolher GCPs, tendo sido preferida a classificação supervisionada. As duas imagens Landsat; TM e ETM+ foram também incluídas para satisfazer o horizonte temporal preferido do estudo. Entretanto, deve notar-se que foram feitos esforços para integrar algumas informações históricas adquiridas a partir de inquéritos para minimizar a dependência total da informação espetral e resolver o mistério da semelhança espetral de diferentes classes de ocupação do solo, a fim de melhorar a precisão da classificação.

3.7.2: Classificação supervisionada

Foram utilizadas as imagens Landsat (TM) e ETM+ com resolução de 30 metros e oito bandas espectrais; o software ILWIS 3.3 e o SIG. As imagens foram importadas para o ILWIS 3.3 e transformadas na operação raster utilizando o sistema de coordenadas do World Geodetic System 1984 datum (WGS 84). As imagens foram submetidas a procedimentos de classificação supervisionada conduzidos para a classificação de imagens com 44 pontos de controlo do solo derivados das imagens semelhantes aos utilizados pela Unidade Nacional de Biomassa do Uganda na cartografia da utilização/cobertura do solo do Uganda em 2003. Foram obtidas oito classes de ocupação do solo para a área de estudo. Para determinar os padrões de alteração da ocupação do solo, foi efectuada uma deteção de alterações da ocupação do solo (Singh, 1989) no ILWIS 3.3 para identificar as diferenças no estado da ocupação do solo ao longo dos anos, utilizando um método de deteção de alterações pós-classificação (Yuan et al., 2005).

A sobreposição de dois mapas raster foi efectuada utilizando a operação de cruzamento para comparar pixels nas mesmas posições. Foi obtida uma tabela cruzada que mostra as combinações de valores de entrada, classes, número de pixéis que ocorrem para cada combinação e a área para cada combinação, depois de ignorados todos os valores indefinidos. As classes colocadas podem irradiar para longe da fonte de perturbação, uma vez que se supõe que nas aldeias onde as actividades de subsistência são fundamentais existem gradientes na disponibilidade de recursos, que diminuem com o aumento da distância da fonte de perturbação.

3.7.3: Abordagens na deteção de alterações na ocupação do solo

A investigação que avalia o desempenho comparativo de vários métodos de deteção de alterações na ocupação do solo indicou que não é possível aplicar uma combinação uniforme de tipos de dados e métodos com igual sucesso em diferentes ecossistemas (Lu *et al.*, 2004 citado em Lunetta et al., 2006). Apesar disso, uma abordagem geral à deteção de alterações é a análise comparativa de classificações produzidas independentemente. Esta abordagem é simples e utiliza imagens classificadas de forma independente que são convertidas para as mesmas projecções. Além disso, é mais provável que as alterações no padrão espacial da paisagem revelem alterações a longo prazo e duradouras da ocupação do solo após a classificação das imagens.

3.7.4: Análise de imagens

Neste estudo, foram adoptados três métodos principais de análise de imagens.

1. **Imagens Landsat TM/ETM.**

- O melhoramento, processamento e integração da imagem foram efectuados, seguidos de uma classificação supervisionada para determinar a caraterização da ocupação do solo. As classes de uso e ocupação do solo incluem: culturas de subsistência, terras agrícolas comerciais, bosques, matagais, prados, construções, zonas húmidas e plantações florestais.
- Foi realizado um levantamento de reconhecimento para a aquisição de dados, seguido de transectos e análise de dados.
- Verificação do terreno e folhas topográficas para precisão da classificação com base em pontos de controlo. A figura 3 abaixo apresenta um fluxograma das etapas de análise das imagens:

Figura 3: Fluxograma da análise de imagens

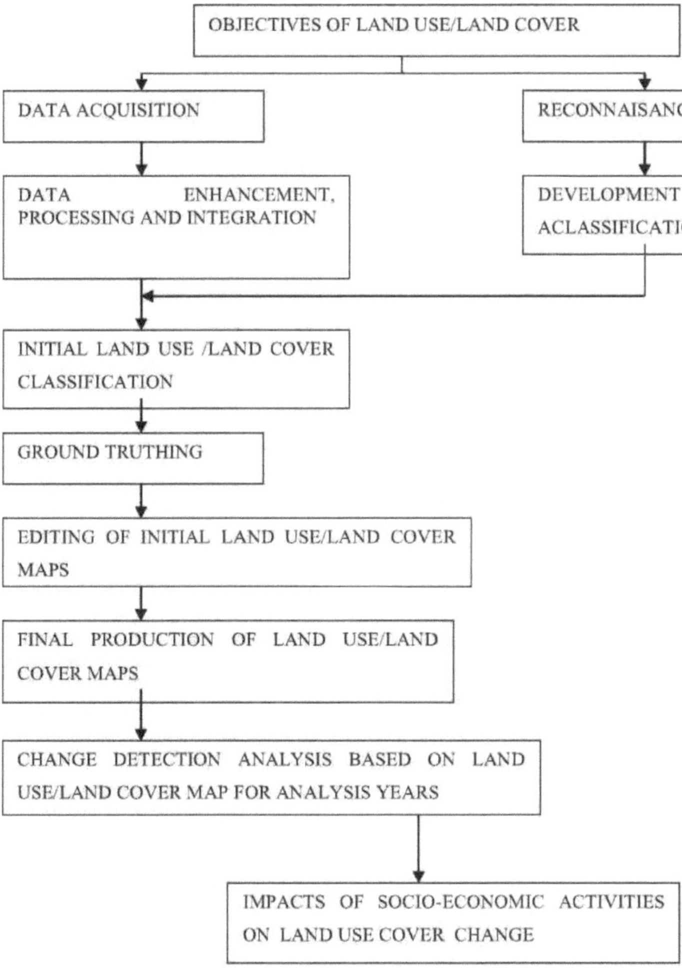

ii) Factores determinantes e efeitos da alteração da ocupação do solo.

a) Medida de compacidade para expansão espacial na população.

- L.C.R= $\frac{\text{areal extent in Ha}}{\text{population}}$

Where L=Land
C= Cover change
R= Rate

b) Medida da alteração da ocupação do solo por unidade de aumento da população

$$L.A.C = \frac{A2-A1}{P2-P1}$$

Onde;

L.A.C é a variação anual da ocupação do solo

A1 e A2 são as extensões de área (em hectares) para os anos iniciais e posteriores, P1 e P2 são os números da população para os anos iniciais e posteriores, respetivamente

c) Taxa de variação

$$R = \frac{P2-p1}{T}$$

onde;

r = taxa média de crescimento

P1 e p2 = os totais da população para o primeiro e segundo anos de referência T= é o número de anos entre duas enumerações censitárias

*A fórmula apresentada para a estimativa da população foi desenvolvida pelo investigador com base nas etapas de alisamento de dados de Deichmann 2001.

d) A abundância e a diversidade das plantas lenhosas foram determinadas com base na análise de Shannon-

Índice de diversidade de Weiner (H') segundo Malimbui (1997)

$$H' = [-\sum_{i=1}^{s} * (pi\ Lnpi]$$

Onde S= número total de espécies

Pi = abundância proporcional determinada dividindo o número de indivíduos dessa espécie de planta lenhosa pelo total de indivíduos de todas as (espécies) do grupo de amostragem Ln= logaritmo natural da proporção e depois multiplicar por 1⁻

iii) ANOSIM

As composições das espécies colhidas para a produção de carvão vegetal foram comparadas entre sub-condados utilizando o teste de permutação ANalysis Of SIMilarity com base numa matriz de dados de espécies inquiridas. As quantidades de carvão vegetal provenientes da produção de carvão vegetal foram calculadas numa base anual por agregado familiar e, em seguida, extrapoladas para a escala do sub-condado. As quantidades de carvão vegetal produzidas por cada agregado familiar por ano foram determinadas pelo número de sacos de carvão vegetal produzidos por agregado familiar multiplicado pelo número/frequência de produção e depois regredido.

iv) Análises estatísticas

O SPSS e a regressão linear ajudaram a determinar a taxa de alterações e as relações entre os factores de mudança e os padrões de uso e ocupação do solo, complementando os dados recolhidos a partir de imagens Landsat, entrevistas e revisão da literatura.

3.8: Gestão de dados

Medidas de gestão/controlo dos dados adoptadas para garantir dados quase isentos de erros na análise. As entrevistas foram realizadas na língua que o inquirido compreendia bem. A língua incluía o inglês, o luganda e o luluri. Para eliminar quaisquer lacunas nos dados, antes de deixar o campo, todas as notas foram transcritas e editadas imediatamente após as entrevistas. O preconceito de género foi evitado entrevistando tanto inquiridos do sexo feminino como do sexo masculino, enquanto o para a análise de imagens.

3.9: Edição de dados.

Os dados foram organizados, editados e ordenados em relação aos objectivos estabelecidos para reduzir a imprecisão; foram utilizados pacotes informáticos do Microsoft Word e do Excel para gerar estatísticas descritivas. Os dados textuais da discussão foram analisados manualmente, identificando os principais temas, subtemas e ideias em busca.

CAPÍTULO 4

RESULTADOS

4.1: Alterações da ocupação do solo

Com base na informação dos habitantes locais, as terras cultivadas, construídas, bosques, zonas húmidas, terras agrícolas comerciais, terras agrícolas de subsistência, plantações florestais e terras de mato foram as principais classes de uso e cobertura da terra durante os períodos de estudo. Em Kakooge, antes de 1987, a relação entre os utilizadores e os proprietários da terra baseava-se num sistema feudal em que a propriedade da terra estava limitada a alguns indivíduos. A maior parte dos habitantes só podia ter acesso a terras agrícolas através de culturas partilhadas. Durante este período, é provável que uma parte das terras tenha sido abandonada. A população humana era relativamente baixa, com pouca pressão sobre a terra e os recursos associados em geral e com prevalência de terras em pousio.

Foi adquirida uma imagem de 1987, altura em que já se tinha iniciado a colheita das culturas, e que aparece despida. No que diz respeito à vegetação, existem também áreas relativamente intactas que têm servido de abrigo a alguns animais selvagens, com diferentes níveis de densidade, cobertura do solo e perturbação, de acordo com os inquiridos. Algumas destas áreas foram acedidas e serviram como fonte de madeira e outros produtos utilizados para a construção de casas, lenha, utensílios agrícolas e vedações. Assim, para este estudo em particular, essas áreas foram categorizadas em termos gerais como terrenos abertos e fechados de arbustos/arbustos, dependendo do seu nível de cobertura do solo. A análise da imagem de 1987 revelou que as florestas constituíam a maior proporção de terras em Kakooge, com um valor de 45,7% (24 288ha), seguidas pelas pastagens, que representam 24,5% (12 1929ha) (Figura 3). As terras densas de arbustos/arbustos e as terras agrícolas de subsistência constituíam 12,1% (6431ha) e 12,7% (6749ha), respetivamente, enquanto as terras agrícolas construídas e comerciais apresentavam valores de cobertura quase semelhantes de 0,1% cada.

Figura 4: **Mapa de utilização e ocupação do solo de Kakooge em 1987**

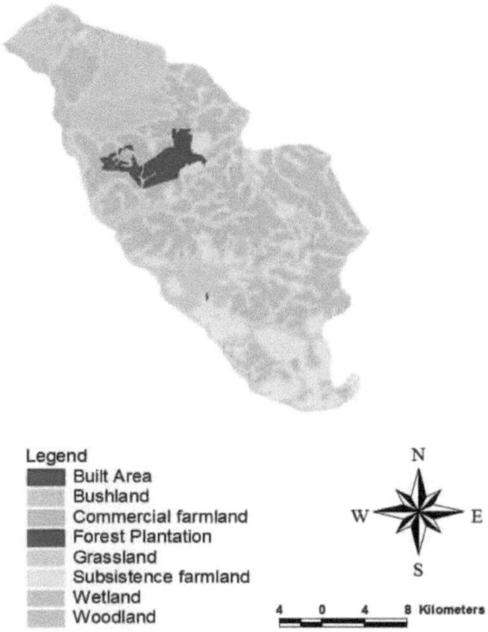

Como se pode ver na Figura 4 para a imagem de Kakooge de 1985, a proporção de terra destinada ao cultivo aumentou para 20,5% (10.914ha). Além disso, as terras de pastagem expandiram-se e cobriram 28,7% (15.236ha) e constituíram 0,3% (166ha) da paisagem. No entanto, as proporções de matos, bosques e zonas húmidas diminuíram para 5,5% (2.919ha), 42,7% (22.698ha) e 1,2% (613ha), respetivamente. A cobertura vegetal de plantações florestais, que aparecia na classificação anterior, também sofreu uma redução tremenda de 1,05 (549ha).

Figura 5: **Mapa de utilização e ocupação do solo de Kakooge em 2005**

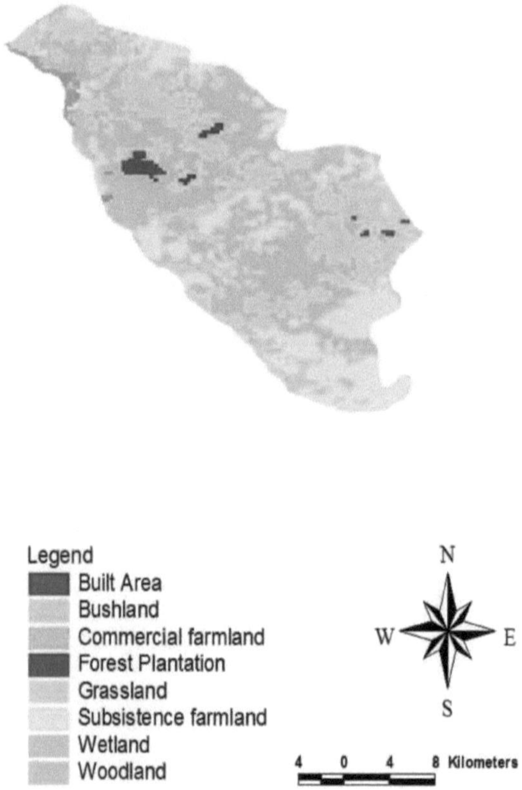

De acordo com as tendências do passado, a terra cultivada expandiu-se novamente de 1987 a 2005. Assim, pode ver-se na Figura 5 que as terras cultivadas voltaram a ser a principal classe de uso do solo, cobrindo 20,5% da paisagem. Do mesmo modo, as terras arbustivas diminuíram para 5,5%, em resultado do aumento das terras agrícolas. Em 2005, a percentagem de floresta registou um ligeiro decréscimo para 42,7% em 2005 (Quadro 2). Esta alteração na cobertura florestal pode ser atribuída à implementação de uma queima de carvão e à expansão da agricultura pela comunidade em geral.

Tabela 2: Mudança no uso e cobertura do solo entre 1987 e 2005

Tipo utilização/cobertura solo	de 1987 do		2005		Variação (1987-2005) (+)	
	Hectares	%	Hectares	%	Hectares	%
Áreas construídas	18	0.0	166	0.3	148	822.2

Bush aterra	6,431	12.1	2,919	5.5	-3512	-5.5
Terras agrícolas comerciais	67	0.1	66	0.1	-1	-1.5
Plantação de florestas	1,707	3.2	549	1.0	-1158	-67.8
Prados	12,929	24.3	15,236	28.7	2307	17.8
Terras agrícolas de subsistência	6,749	12.7	10,914	20.5	4165	61.7
Zona húmida	983	1.8	613	1.2	-370	-37.6
Floresta	24,288	45.7	22,698	42.7	-1590	-6.5

Fonte: Imagens Landstat para 1987 e 2005

Figura 6: Resumo da mudança de uso e ocupação do solo em Kakooge a partir de 19872005

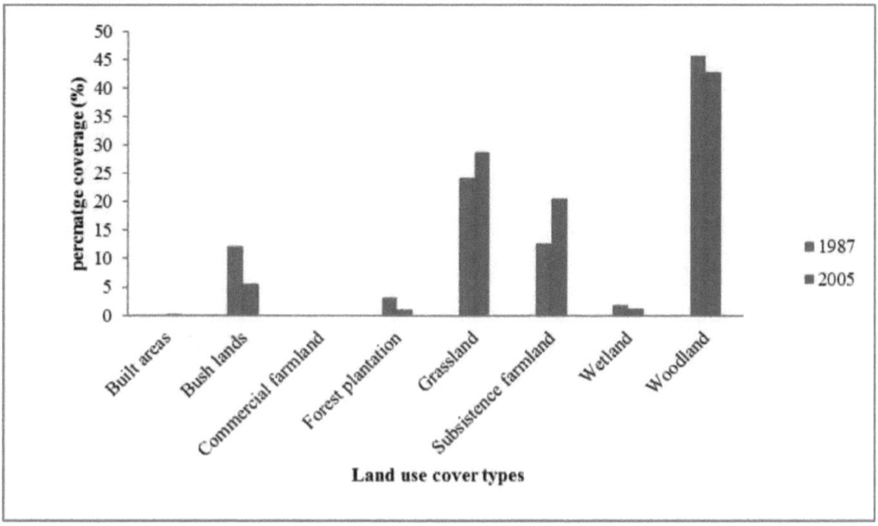

4.2: Descrição da alteração do uso do solo na área de estudo.

As alterações da ocupação do solo no subcondado de Kakooge reflectem uma escala temporal e espacial. As alterações espaciais incluíram a expansão de terras cultivadas para tipos de vegetação natural (prados, terrenos de mato, zonas húmidas e bosques), expansão de prados para terrenos de mato e bosques, introdução e expansão de plantações de pinheiros em bosques, terrenos de mato e prados, invasão de arbustos e bosques em prados e aumento de solo nu, enquanto as escalas temporais foram a regeneração de bosques no mesmo pedaço de terra após alguns anos de limpeza. Com a exceção da invasão de arbustos e bosques nas pastagens, todas as outras mudanças espaciais podem ter sido causadas pela alteração direta do homem no ecossistema natural para produção de alimentos e ganhos económicos e sociais.

Floresta

Registou-se um declínio de 6,5% na área coberta por florestas durante um período de dezoito anos, de 242,88 ha em 1987 para 24.245,3 ha em 2005 (Quadro 2). A análise de sobreposição mostrou que 88% das florestas foram convertidas noutros tipos de cobertura do solo, particularmente em áreas construídas, prados em 0,6% e terras agrícolas de subsistência em 1,3% entre 1987 e 2005. No entanto, durante o mesmo período em que a floresta diminuiu, outros usos da terra também se perderam; matas (2,4%) e zonas húmidas (1,4%) entre 1987 e 200. Isto mostrou uma maior diversidade na sua abundância de 2,01 (Quadro 9).

As florestas estavam a ser convertidas em matagais, prados arbustivos, arbustos e terras cultivadas (Tabela 2). O decréscimo contínuo da área coberta por florestas entre 1987 e 2005 pode ter sido basicamente atribuído ao aumento das actividades antropogénicas, que incluem o abate de árvores para cultivo, florestas plantadas, prados e produção de carvão vegetal, como tem acontecido noutras partes do mundo (Lambin et al., 2001; Witkowski et al., 2008).

Área construída

Isto inclui áreas não vegetadas / nuas que ocorrem em simultâneo. A área construída cobria uma área relativamente pequena em 1987 e aumentou de forma constante até ao ano 2005 (Quadro 2). O elevado incremento de 822,2%, com um incremento médio anual de 8,2ha, resultou numa diminuição das florestas de 24288ha em 1987 para 24141,4ha em 2005 (61%); as zonas húmidas diminuíram para 835,4 ha (2005) a uma taxa de 15%, as plantações florestais diminuíram 9% entre 1987 (1707 ha) e 2005 (1559,4 ha), enquanto as terras arbustivas diminuíram 2%, uma vez que as terras agrícolas de subsistência ganharam mais áreas em 2,2% (Quadro 2). As áreas construídas transformaram-se predominantemente em matagais e arbustos, o que foi induzido por assentamentos e estabelecimentos humanos entre 1987 e 2005.

Arbustos

De um modo geral, a área de matos diminuiu de 6431 ha em 1987 para 2919 ha em

2005, representando um declínio de 5,5% na cobertura de matos. O maior declínio anual de 195ha em matos foi observado entre 1987 e 2005. A análise de sobreposição mostrou que, entre 1987 e 2005, quando a maioria dos matos desapareceu, as principais conversões foram para floresta, seguidas de pastagens, terras agrícolas de subsistência, construções, zonas húmidas e plantações florestais (Quadro 2).

Plantação de florestas

Esta é uma forma de uso da terra estranha na área que foi reconhecida na imagem de satélite de 1987 nas reservas florestais de Katugo e Kasagala. A área sob plantações de pinheiros diminuiu constantemente de 1707 ha em 1987 para 549 ha em 2005 a 67,8% (Quadro 2). A análise indicou que as plantações florestais tinham sido estabelecidas em áreas formalmente ocupadas por matos, prados, terras agrícolas e bosques, mas com grandes estabelecimentos de povoações, registou-se uma perda de 9% das plantações florestais (Quadro 2).

Prados

A área de pastagem aumentou em 126ha de 12.927 ha em 1987 para 15.236 ha em 2005 (Tabela 2). Registou-se um declínio de 41% e 7,4% nas pastagens durante o período de 1986 -1990 e 2000 - 2004, respetivamente. No entanto, registou-se um aumento de 68% dos prados entre 1990 e 2000. Entre 1987 e 2005, grande parte dos prados resultou da conversão de florestas, onde os prados aumentaram 0,68% de 12.929 hectares em 1987 para 14.513 hectares em 2005. O cultivo, o mato e a invasão lenhosa são os principais tipos de cobertura do solo que ocupam os prados no sub-condado (Tabela 2).

No entanto, a conversão de pastagens em arbustos e florestas é antes um processo ecológico que envolve a interação de vários factores, incluindo a gestão, a composição climática e atmosférica, com mecanismos complexos de retroação. O sobrepastoreio e o pastoreio, a eliminação limitada ou completa do fogo como instrumento de gestão das pastagens, o aumento da atividade das térmitas, as secas frequentes e prolongadas, as temperaturas ambiente elevadas e os níveis elevados de concentração de dióxido de carbono atmosférico são factores notáveis que conduzem à invasão das pastagens pelas florestas.

Terras agrícolas de subsistência.

Incluem-se aqui as aldeias rurais (povoações dispersas) e as herdades. A área de agricultura de subsistência aumentou de 6.749 hectares para 10.914 hectares entre 1987 e 2005, com uma taxa de crescimento anual de 231 hectares. A análise de sobreposição mostrou que as terras de agricultura de subsistência invadiram todos os tipos de cobertura, mas com grave infração em bosques, matagais e prados. Entre 1987 e 2005, as florestas perderam 8.333 ha para a agricultura; enquanto que entre 1987 e 2005, à medida que a área construída aumentou de 18 ha para 166 ha, as terras agrícolas de subsistência ganharam 2,2% (Quadro 2).

Terras agrícolas comerciais

Em 1987, as terras agrícolas comerciais ocupavam 67 hectares, mas em 2005 tinham diminuído para 66 hectares (Quadro 2). A divisão dos ranchos em pequenas quintas e a individualização das terras em 1994 levou a um aumento das vedações e a uma maior subdivisão das terras em parcelas mais pequenas que já não podiam suportar o pastoreio do gado, levando a que a taxa anual de declínio fosse de 1,5%.

Zona húmida

Houve um decréscimo de 37,6% na área coberta por zonas húmidas entre 1987 e 2005, tendo as zonas húmidas sido convertidas em áreas de construção e de cultivo. Com o aumento das áreas construídas entre 1987 e 2005, as zonas húmidas diminuíram de 983ha para 835ha (15%), respetivamente. Também com o declínio das florestas, as zonas húmidas perderam 382ha (2,6%), mas as maiores alterações nas zonas húmidas foram a conversão em terras de cultivo.

4.3: Caraterísticas demográficas sociais dos inquiridos

Os inquiridos eram chefes de família, tanto homens como mulheres. Mais de 52% dos inquiridos eram do sexo masculino, enquanto os restantes 48% eram do sexo feminino. Para além disso, 32% tinham mais de 31 anos, 64% mais de 18 anos e apenas 4% tinham menos de 18 anos. Embora 60% tivessem passado mais de 10 anos no subcondado de Kakooge, apenas 30% tinham permanecido na área entre 6 e 10 anos e apenas 10% dos inquiridos tinham permanecido na área por um período entre 1 e 5 anos (Quadro 3).

Quadro 3: Apresenta as caraterísticas sócio-demográficas dos inquiridos.

Caraterísticas demográficas	N.º de inquiridos	Percentagem
Sexo		
Feminino	97	48
Masculino	105	52
Idade		
<18 anos	8	4
18-30 anos	130	64
31-42 anos	40	20
>42 anos	24	12
Anos passados na zona		
1-5 anos	20	10
6-10 anos	60	30
>10 anos	122	60

4.4: Factores determinantes da alteração do coberto vegetal

As forças que impulsionam a mudança de cobertura do uso da terra são uma mistura complexa de factores sociais, físicos, económicos e políticos ampliados por uma elevada taxa de crescimento populacional e rápida urbanização (Política Nacional de Uso da Terra, 2007), cerca de 70% dos membros da comunidade revelaram que o declínio do uso e cobertura da terra estava relacionado com a queima de carvão, extração de madeira para combustível, limpeza agrícola, sobrepovoamento. As principais mudanças no uso da terra representadas na tabela 6 são um reflexo dos factores humanos e ambientais amplamente divididos em factores socioeconómicos, ecológicos e políticos.

Quadro 4: Resumo dos factores de mudança do uso e ocupação do solo

Factores socioeconómicos	Frequência N= 98	Percentagem
Pobreza	40	41
Pressão demográfica	35	36
Práticas agrícolas incorrectas	10	10
Introdução da cerveja local	6	06
Corrupção nos organismos florestais	7	07
Factores de redução das zonas húmidas	**Frequência N= 65**	**Percentagem**
Produção de carvão vegetal	20	37
Queima sazonal de arbustos	10	15
Excesso de stock	8	12
Mudança de cultura	12	'18

Pecuária	15	23
Factores ecológicos	**Frequência N= 55**	**Percentagem**
Seca	30	55
Chuvas sazonais	15	27
Esgotamento do solo	10	18
Factores políticos	**N = 20 Frequência**	**Percentagem**
Introdução de plantações de pinheiros	10	50
Política de pecuária	4	20
Regime de propriedade da terra	6	30

Fonte: Dados de campo sobre factores de mudança do uso e ocupação do solo 2011

4.5: Efeitos da mudança de cobertura do uso do solo nos componentes do ecossistema

A dependência dos agregados familiares da cobertura de terra das pastagens para a queima de carvão, cultivo e pastoreio de gado contribui para a mudança da cobertura de terra ao longo do tempo; levando ao aumento das condições de seca frequentes 98%, redução da fertilidade do solo em 67%, crise de combustível de madeira 36%, insegurança alimentar 33% e outros (Tabela 5). Neste processo, as actividades humanas e ambientais em curso estão relacionadas com os efeitos da alteração do coberto vegetal apresentados no quadro concetual (Figura 1).

Quadro 5: **Efeitos do uso e cobertura do solo no ecossistema das pastagens**.

Efeito	Frequência	Percentagens
Condições de seca frequentes	47	98
Redução da produtividade do solo	32	67
Insegurança alimentar	16	33
Crise da lenha	18	36
Destruição de culturas pelo vento	7	15
Má qualidade e escassez da água	12	25
Destruição de culturas por animais	9	19
Esgotamento de recursos	6	13
Poluição atmosférica	3	6
Custos elevados da madeira	3	6
Inundações galopantes	1	2

Fonte: Dados de campo sobre os efeitos das alterações do uso e ocupação do solo no ecossistema 2011

4.5.1: Alterações associadas ao pastoreio de gado nos recursos

Como se pode ver no Quadro 6, cerca de 63% dos inquiridos classificaram as pastagens naturais como fonte primária de alimentação, enquanto 57% e 27% dos inquiridos lhe atribuíram uma segunda e terceira classificações, respetivamente. Este facto pode ser atribuído a diferenças entre indivíduos em termos de preferência, acesso e propriedade das várias parcelas de terra, e a classificação das preferências individuais mostrou uma variação.

Quadro 6: Classificação das diferentes fontes/tipos de alimentos para animais em Kakooge (% dos inquiridos)

Recurso de alimentação	Classificação (com base em %)				
	1	2	3	4	5
Pastagens naturais	63	57	42	43	24
Pastoreio em reservas	25	27	32	14	16
Feno de pastagens privadas	6	9	11	29	25
Árvores forrageiras	6	7	15	14	33
Total	100	100	100	100	100

Sessenta e quatro por cento dos inquiridos declararam possuir terras de pastagem privadas, que aumentaram de 0,11 ha para 0,14 ha por agregado familiar nos últimos 18 anos. Além disso, os inquiridos indicaram que 18% das terras de pastagem comunitárias foram convertidas em terras cultivadas durante os últimos 30 anos. O feno é uma das fontes de alimentação dos animais vivos em Kakooge, produzido apenas por agricultores que possuem ranchos. Por conseguinte, o feno é menos utilizado como fonte de alimentação animal em comparação com outras fontes, uma vez que a maioria dos indivíduos prefere cultivar na maior parte das suas terras. O capim-elefante é um tipo de capim colhido em reservas de pastagem privadas e serve para a construção de casas. Mas agora está a extinguir-se e só se encontra nas instalações das escolas devido à prevalência do pastoreio livre, à substituição de telhados ondulados e de talo de sésamo para a construção de telhados de cabanas, juntamente com a conversão para terras cultivadas.

De acordo com os inquiridos, as mudanças recentes nas estratégias de pastoreio dos animais incluíram esforços para evitar o pastoreio livre e a promoção de sistemas de alimentação controlada que utilizam a recolha de feno. Além disso, após 1995, foi aplicada uma regra que limita o pastoreio por localidade, não permitindo o pastoreio livre fora da localidade. Este facto criou uma maior escassez de áreas de pastagem e de alimentos para animais em algumas zonas.

4.5.2: Efeitos do pastoreio sobre as espécies vegetais / coberto vegetal.

O Quadro 7 indica que a área de cobertura vegetal lenhosa/árvores foi maior nos locais sem pastoreio, enquanto noutras áreas, os arbustos, ervas e gramíneas suportaram mais gado do que outros usos do solo e tornaram-se casas para diferentes animais, o que se deve a diferenças significativas (valores de p) entre as parcelas pastoreadas e não pastoreadas, aumentando assim o número de espécies que podem coexistir em locais pastoreados em comparação com áreas sem pastoreio, em comparação com a percentagem de cobertura vegetal de diferentes formas de crescimento, tanto em locais pastoreados como não pastoreados. *Significa significativamente diferente a ($p < 0,05$), teste t

Quadro 7: Efeitos do pastoreio nas espécies/coberturas vegetais

Forma de crescimento	Pastoreado	Não pastoreado	valor de p
Ervas e gramíneas	72.5	17.4	0.04*
Arbustos	40	62.5	0.04*
Árvores	25	62.5	0.12

Fonte: Dados de campo para os sítios de pastagem de Kyeyindula, Katuugo e Kyankonwa 2011

4.5.3: Principais alterações associadas aos recursos pecuários

A pecuária desempenha um papel fundamental no apoio às comunidades envolvidas no sistema misto de produção vegetal e animal através dos seus produtos e serviços. No entanto, a criação de animais tende a ser afetada pelas mudanças socioeconómicas, biofísicas e políticas, pela ocupação e uso do solo. O inquérito socioeconómico revela as tendências de evolução da população de explorações pecuárias ao nível dos agregados familiares ao longo de um período de 10 anos (Quadro 8 e Figura 5).

Quadro 8: Resumo do número médio de animais de diferentes tipos de gado com base no inquérito socioeconómico

	Criação de gado por agregado familiar (número de animais)					
Área de estudo	Gado		Pequenos ruminantes		Total	
	1987-2005	AGORA 2013	1987-2005	AGORA 2013	1987-2005	AGORA2013
Katuugo	3.43	3.43	0.18	0.79	3.61	4.22
Kyeyindula	5.82	4.09	5.91	4.55	11.73	8.64

Os pequenos ruminantes incluem cabras, ovelhas, etc.

Como revelado pelas entrevistas, o número de explorações pecuárias na freguesia de Katuugo permaneceu o mesmo, enquanto diminuiu na freguesia de Kyeyindula nos últimos dezoito anos (Quadro 8). O número médio de cabeças de gado na freguesia de Kyeyindula há 18 anos era de longe superior ao da freguesia de Katuugo (Quadro 8). Observou-se um decréscimo acentuado em Kyeyindula entre 20 e 18 anos atrás, ao passo que se registou uma ligeira melhoria na paróquia de Katuugo devido a alterações introduzidas na política de propriedade fundiária e na distribuição de áreas de pastagem comunitárias para cultivo. Consequentemente, as explorações pecuárias de ambas as zonas apresentavam um valor médio total de gado de quatro animais por agregado familiar há 20 anos. A partir dessa altura, o efetivo bovino na freguesia de Katuugo manteve-se inalterado, partindo do ponto de convergência até há 5 anos, e registou apenas um ligeiro decréscimo até aos últimos anos. Apesar de variações periódicas, a tendência global da população bovina diminuiu mais na freguesia de Kyeyindula do que na de Katuugo. Este resultado corresponde bem à diminuição e à conversão completa da maior parte das pastagens na freguesia de Kyeyindula.

4.5.4: Mudança na cobertura do uso do solo e variáveis climáticas como proxy

A variabilidade climática na área é atribuída a mudanças no uso e cobertura do solo, onde as temperaturas médias anuais, a precipitação média anual e a taxa potencial de evaporação variam muito (Tabela 9), o que resulta no aumento das temperaturas ou da precipitação, levando a uma seca prolongada ou a chuvas Elnino na área, onde quando o indicador de aridez é superior a 0,50, há maiores chances de Eln' ino, enquanto que quando o indicador de aridez é 0,0 - 0,49, implicando uma condição de seca prolongada.

Tabela 9: Mudança de cobertura de uso e variáveis climáticas como proxy

Ano	MAT C^0	MAPA(MM)	PE (MM)	IA	ESTADO
1997	22.9	1161.6	1603	0.73	Elnino
1998	23.7	725.9	1659	0.44	Seca
1999	29.7	897.3	2079	0.43	Seca
2000	23.8	1007.5	1666	0.61	Elnino

AL= Indicador de aridez

4.6: Produção de carvão vegetal e alterações na diversidade e abundância das florestas

Existiam variações na diversidade das diferentes plantas lenhosas entre freguesias e dentro de cada planta lenhosa nas respectivas freguesias onde a queima de carvão era dominante. O nível mais elevado de diversidade foi observado na freguesia de Kyeyindula com uma diversidade de 3,37, seguida da freguesia de Katuugo com 3,09 e da freguesia de Kakooge com 1,31 de abundância e diversidade de plantas lenhosas.

Quadro 10: Freguesias com grandes variações na abundância e diversidade de plantas lenhosas

Paróquia	Mudas	Árvores maduras	Total	H'
Kyeyindula	1547	473	2020	3.3732
Katuugo	1193	375	1568	3.0960
Kakooge	1014	382	1396	1.3115
Total				7.7807

Fonte: Dados de campo de 2011

H' é o índice de diversidade

Quadro 11: Índices de diversidade para as primeiras 15 plantas lenhosas nas freguesias de Kyeyindula, Katuugo e Kakooge para extração de biomassa, madeira, postes e valor ambiental

Nome local	Nome botânico	Total de espécies	Índices de diversidade
Ennongo	Albizia glaberrima	126	-0.2007
Mugavu	Albizia coriaria	101	-0.1749
Kibeere	Acácia Camphylacantha	101	-0.1749
Endagi	Combretum molle	85	-0.1564
Kibengeya	Agave sisalana	84	-0.1552
Gasiya	Acácia nilótica	81	-0.1515
Kirundu	Antiaris toxicaria	77	-0-1564
Enkoola	Entandrophrogma utile	67	-0.1333
Omucuura	Senn adidymobotrya	63	-0.1277
Omululuza	Vernónica amygdalina	62	-0.1263
Kinkona	Verónica auriculifera	61	-0.1249
Kanzironzoro	Syzygium cordatum	37	-0.0874
Olukandwa	Fluggea virosa	36	-0.0856
Musaana	Acácia-brava	36	-0.056
Katazzamiti	Bridelia micrantha	34	-0.0821
Diversidade total		**1051**	**$H'_{=hi*pi}$ =2,0130**

Nas três freguesias, as plantas lenhosas mais diversas, com índices mais elevados, foram Albizia glaberrima 0,2007; Albizia coriaria 0,1749, e combretum Molle 0,1564; enquanto os índices de densidade mais baixos foram registados para Bridelia micrantha 0,0821, Acacia hockii, 0,056 e Fluggea virosa 0,0856

O Quadro 12 indica uma relação entre as árvores disponíveis, a densidade populacional e a quantidade de carvão vegetal produzido. As freguesias com uma elevada taxa de produção de carvão vegetal tinham uma baixa densidade populacional, por exemplo, Kyeyindula, Kyankonwa e Kyambogo, onde a maior parte das árvores foi cortada, o que é indicado pelo maior número de sacos produzidos anualmente em cada freguesia, ou seja, 935.960 e 900 sacos, respetivamente.

Quadro 12: Apresenta a população total, a superfície terrestre, a densidade populacional e o número de aldeias, o número total de sacos de carvão vegetal produzidos e a produção total em toneladas por ano.

Freguesias	Kakooge	Kyeyindula	Kyambogo	Kyabutayika	Katuugo	Kyankonwa
Inquiridos	5	38	10	18	12	14
População de 2002	4574	2925	4016	3099	3384	2632
Área do terreno Km^2	50	100	63	70	70	122
Densidade populacional/km^2	43	40	54	35	25	24
Aldeias	9	11	10	12	8	8
Produção de carvão vegetal						
Densidade de árvores e arbustos na produção de carvão vegetal	217±79	273±12	550±116	267±87	243±130	117±24
Sacos de carvão vegetal/ HH(média ±SE)	41±10	85±12	90±33	20±4	72±16	120±12
N.º de sacos/ Freguesia/ano	369	935	900	240	576	960
Produção total Tons /ano						**3820**

O quadro 12 indica que a densidade populacional e o número de aldeias determinam significativamente a taxa de produção de carvão vegetal no sub-condado de Kakooge, explicando uma grande variabilidade no número de plantas lenhosas a 2,01(H').

Tabela 13: Impacto da população nas florestas existentes através da produção de carvão vegetal utilizando regressão linear.

Variável independente	Variável dependente	Sq.	r^2	T
Densidade populacional	Sacos de produção de carvão vegetal/ aldeias	.197	.031	1.547
Número de aldeias	Produção de carvão vegetal por freguesia	.007	.039	5.150

CAPÍTULO 5

DISCUSSÃO DOS RESULTADOS

5.1: Drivers and impacts of Land Use Cover Change (factores determinantes e impactos da alteração da cobertura vegetal).

As alterações da ocupação do solo no subcondado de Kakooge reflectiram escalas temporais e espaciais. As mudanças espaciais nas mudanças de cobertura da terra incluíram: expansão de terras cultivadas em tipos de vegetação natural (pradarias, terras arbustivas, zonas húmidas e bosques), expansão de pradarias em terras arbustivas e bosques, introdução e expansão de plantações de pinheiros em bosques, terras arbustivas e pradarias, invasão de arbustos e bosques em pradarias e aumento de solo nu, enquanto as escalas temporais foram a regeneração de bosques no mesmo pedaço de terra após alguns anos de limpeza. Com a exceção da invasão de arbustos e bosques nas pastagens, todas as outras mudanças espaciais podem ter sido causadas pela alteração direta do homem no ecossistema natural para produção de alimentos e ganhos económicos e sociais.

As forças que impulsionam a mudança na cobertura do uso da terra são uma mistura complexa de factores sociais, físicos, económicos e políticos ampliados por uma elevada taxa de crescimento populacional e rápida urbanização (Uganda land use policy, 2007), assim, a partir da pesquisa, a maioria dos inquiridos, 70%, relatou que houve um declínio na cobertura do uso da terra durante os 18 anos de análise relacionados com a queima de carvão, a limpeza agrícola, o excesso de povoamento. As causas subjacentes da mudança e as consequências das mudanças foram extraídas das respostas dos informadores e das imagens de satélite que mostram a ligação entre os factores de mudança percebidos e as mudanças mais importantes na cobertura do uso do solo entre 1987 e 2005.

5.1.1: Produção de carvão vegetal e alterações da ocupação do solo

Existiam variações na diversidade das diferentes plantas lenhosas entre freguesias e dentro de cada planta lenhosa nas respectivas freguesias onde a queima de carvão era dominante. O nível mais elevado de diversidade foi observado na freguesia de Kyeyindula, seguida da freguesia de Katuugo e da freguesia de Kakooge.

O aumento da exploração das florestas reduz a sua diversidade e abundância no sub-condado, uma vez que os membros retiram o seu sustento da produção de carvão vegetal, causando assim alterações, tal como se verifica nas diferentes freguesias. Assim, de acordo com Kigenyi (2002), as exigências humanas deixam as florestas mudarem rapidamente, levando-as à exaustão. Enquanto as questões de aumento dos preços da madeira, redução da precipitação, erosão do solo, crise de combustível de madeira registada na área manifestam uma redução das florestas, e no momento em que tais questões são percebidas, a situação terá sido agravada, exigindo medidas de conservação rigorosas para evitar a situação (NEMA, 2001). No entanto, a melhor estratégia de gestão para evitar o cenário acima descrito é a capacidade de prever a catástrofe e notificar os sinais de aviso através do incentivo à plantação de árvores.

A redução do estrato herbáceo devido ao sobrepastoreio e a elevada competição entre gramíneas, arbustos e ervas a favor das árvores podem ter levado ao aumento do recrutamento de rebentos para árvores adultas e ao aumento da densidade da vegetação lenhosa em antigos sistemas dominados por gramíneas, Esta constatação é semelhante à de Brown e Archer (1999), Kraaij (2006) e van Auken (1997), que observaram que a coexistência de gramíneas e árvores no ecossistema de savana resulta da competição por recursos e que a alteração da competição para favorecer um dos componentes leva ao seu domínio no sistema.

Foi relatado que a crise do combustível de madeira resulta do esgotamento das florestas devido ao aumento da queima de carvão por freguesia, onde as pessoas se deslocam longas distâncias à procura de combustível de madeira escasso. A elevada dependência da lenha e do carvão vegetal para cozinhar é uma das principais causas da desflorestação (Ezzati et al., 2001); segundo o KDP (2011), as mulheres são as principais colectoras e utilizadoras de combustível lenhoso e percorrem longas distâncias a pé. No sub-condado de Kakooge, devido à escassez, as pessoas até recolhem resíduos de culturas e o número de refeições cozinhadas reduziu-se a uma, o que afecta grandemente a população idosa. Esta situação também confirma o relatório (NFA, 2009) que indica que Nakasongola é um dos distritos da região que já regista um défice de combustível lenhoso com mais de 6110ha perdidos entre 1990 e 2005.

O aparecimento de vegetação secundária na área, por exemplo, em 2005, uma redução da cobertura florestal em 6,5% pode ter levado ao aumento de prados que substituíram o antigo Combretum molle, Albizia glaberrima, afectando a reposição do ecossistema que, por sua vez, obriga os agricultores a percorrer longas distâncias em busca de árvores maduras para postes e carvão. No entanto, nalgumas zonas, as florestas foram substituídas por árvores aliénicas, como os pinheiros, em 1987, nas zonas de kasagala e katuugo, com o objetivo principal de fornecer lenha, mas que, por sua vez, modificam as temperaturas dessas zonas.

Além da produção de carvão vegetal, a diminuição da área coberta por bosques durante o período de dezoito anos pode ter sido basicamente atribuída ao aumento das actividades antropogénicas que incluem o abate de árvores para cultivo e a plantação de pinheiros; como tem sido o caso noutras partes do mundo (Lambin et al., 1999; 2001; Mwavu e Witkowski, 2008; Ebanyati et al., 2010; Maitima et al., 2010). O período de estudo também coincidiu com o período 1990-2005, quando o Uganda terá perdido cerca de 24,7% do seu habitat de florestas e bosques (NEMA, 2007). Por outro lado, o sub-condado tem uma rede rodoviária fiável que o liga a vários centros urbanos, incluindo a cidade de Kampala e Luwero, no sul, cujos residentes dependem fortemente da energia de biomassa, tal como sustentado pelo MEA, (2005b), segundo o qual a infraestrutura rodoviária desempenha um papel crucial na desflorestação, ao proporcionar acesso a áreas florestais anteriormente inacessíveis, facilitando a extração ilegal de madeira e de produtos não lenhosos.

As elevadas taxas de perda de floresta sugerem a falta de práticas de gestão sustentável de recursos, uma prática comum em muitas florestas africanas (Dovie et al., 2004; 2005; MEA 2005a). Também a recuperação económica que impulsionou o crescimento da população urbana e aumentou a procura de madeira, lenha, carvão vegetal e culturas alimentares e o sistema descentralizado de governação que transferiu poderes de gestão de recursos naturais para os governos locais (i.e. Distritos); no entanto, ao nível local, a necessidade de aceder a recursos para aliviar a pobreza supera o desejo de gerir e conservar os recursos naturais de forma sustentável, e os interesses políticos superam a necessidade de seguir as leis e regulamentos aprovados (Mwavu e Witkowski, 2008). Por exemplo, numa tentativa de aumentar o rendimento, as autoridades locais emitem licenças para as pessoas que desejam produzir carvão vegetal, sem quaisquer diretrizes claras sobre onde, quando e quanta biomassa lenhosa deve ser colhida sazonal ou anualmente. Quando, no passado, os governos locais tentaram influenciar a conservação dos recursos naturais, os resultados sociais e ambientais nem sempre foram positivos, devido a conflitos de interesses entre os sectores (Bazaara, 2003) e à corrupção dos funcionários do governo local (Banana et al., 2007). Além disso, em áreas como as paróquias de Kakooge e Kyeyindula, onde a procura de recursos naturais para sustentar os meios de subsistência parece ser aguda, as decisões de voto baseiam-se na capacidade percebida dos aspirantes a políticos para ajudar a população local (eleitores) a aceder a recursos para aumentar o seu rendimento, exacerbando assim o problema.

A precipitação e a temperatura estão entre as forças climáticas que podem estar a contribuir para a invasão de madeira na área. Registaram-se mudanças notáveis na precipitação do sub-condado de Kakooge entre 1987 e 2010 e estas devem ter uma forte influência na invasão lenhosa, uma vez que a água é um recurso importante que determina a existência de árvores nos ecossistemas de savana (Kraaij e Ward, 2006).

Os anos em que a invasão lenhosa se tornou um problema (1987 - 2005) são consistentes com os anos em que as secas se tornaram mais frequentes e prolongadas na área. Uma vez que as secas levam à evaporação de toda a água na zona das raízes das gramíneas e, subsequentemente, à morte das gramíneas de raízes pouco profundas, as árvores de raízes profundas recrutam em número à custa das gramíneas, tornando-se assim mais dominantes, como observado por (Archer, 1997; Scanlon *et al.,* 2005). Desde 1990, a área tem registado temperaturas elevadas acima da média de 50 anos. Com temperaturas elevadas, as taxas de evapo-transpiração das gramíneas diminuem devido ao fecho dos estomas. Isto reduz a fotossíntese nas gramíneas, resultando numa diminuição do desempenho da componente gramínea. A água armazenada no solo torna-se assim acessível apenas às árvores. Este facto, associado ao dióxido de carbono elevado, aumenta o desempenho e o domínio das árvores sobre as gramíneas, como sugerido por Kafeero, (2005).

No entanto, algumas das forças que conduzem a reduções na área florestal têm um mecanismo de feedback positivo que conduz a um maior crescimento lenhoso na mesma área. O abate indiscriminado de árvores esparsas da savana resulta frequentemente num povoamento denso de bosques devido à eliminação da competição intra-específica entre os rebentos de árvores, que dá a todos os rebentos de árvores a mesma oportunidade de se tornarem árvores (Buyinza, 2004).

5.1.2: Pastoreio de gado e mudanças na cobertura do uso da terra

Um inquérito socioeconómico realizado entre agosto de 2010 e março de 2011 envolveu entrevistas a agregados familiares selecionados e discussões de grupo para obter informações sobre a mudança ao nível do agregado familiar na exploração de terras e gado, e para obter uma visão dos vários factores políticos, sociais e ambientais que influenciam a decisão sobre a mudança de cobertura do uso da terra no agregado familiar para o pastoreio de gado.

Durante o início da década de 1980, as principais fontes de alimentação animal eram as explorações comunitárias que incluíam pastagens comunitárias e terras de arbustos/florestas. As actuais estratégias de pastoreio na área consistem em manter os animais em torno dos limites das explorações agrícolas de março a setembro e permitir que os animais pastem livremente após a colheita das culturas de outubro a janeiro. Apesar da variação na localidade, dos factores sazonais e da variação no tipo de cobertura, foi feita uma comparação generalizada dos principais métodos de pastoreio disponíveis na área de estudo. Assim, como os resultados do inquérito revelaram, o pastoreio comunitário e o pastoreio privado foram classificados como o principal método de pastoreio do gado. Isto pode ser atribuído às diferenças entre os indivíduos em termos de preferência, acesso e propriedade das várias parcelas de terra, e a classificação das preferências individuais mostrou uma variação.

No entanto, foi salientado que, entre as famílias rurais, era tradicionalmente preferível ter um maior número de crianças e animais por várias razões. Para acomodar estes últimos, tendem a atribuir terras de pastagem privadas a partir de áreas de terra cultivada, apesar da prevalência de uma grave escassez de terra cultivada. Ao fazê-lo, têm conseguido encontrar um equilíbrio entre a produção agrícola e a pecuária, de modo a sustentar um sistema misto que proporciona uma segurança alimentar relativamente melhor do que qualquer uma delas isoladamente. Verifica-se também que os retornos económicos da terra em sistemas mistos de culturas-pecuária são frequentemente mais elevados do que nos sistemas de pecuária pastoril isolados (Olson e Maitima, 2006).

As mudanças recentes nas estratégias de pastoreio animal podem ter sido os esforços para evitar o pastoreio livre e a promoção de sistemas de alimentação controlada que empregam a recolha de feno, limitando o pastoreio por localidade. O sistema de pastoreio restringe a mobilidade dos animais, conduz a um excesso de gado, limitando assim a regeneração de pastagens/arbustos (Mugerwa et al., 2011). Por outro lado, o pastoreio comunal também é gerido de uma forma variável que permite que os animais pastem em algumas partes; no entanto, isto só é possível em localidades que têm fontes alternativas de terra de pastagem (Kisamba- Mugerwa, 2001).

As áreas de cobertura vegetal lenhosa/árvores foram consideradas maiores em locais sem pastoreio, enquanto noutras áreas, os arbustos, as ervas e as gramíneas suportaram mais gado do que outras utilizações da terra e tornaram-se casas para diferentes animais, aumentando assim significativamente o número de espécies que podem coexistir em locais com pastoreio em comparação com áreas sem pastoreio em comparações de cobertura vegetal percentual de diferentes formas de crescimento em locais com e sem pastoreio.

A plantação de árvores à volta das propriedades, como limite da exploração agrícola, estruturas de conservação e como meio de estabilizar ravinas foi experimentada nas áreas de estudo; a plantação de árvores mostrou melhorias na conservação das pastagens, (Kafeero 2005). No entanto, a sobrevivência das mudas de árvores em algumas áreas é quase impossível devido ao grave stress da humidade do solo; como Ayana, (2007) observou que as terras nuas continuam a ser um problema nas áreas agrícolas e povoadas.

As baixas populações de gado antes e pouco depois da guerra do mato de 1986 significavam que os poucos animais que restavam não podiam efetivamente pastar e explorar toda a área, o que poderia ter promovido o crescimento de arbustos e prados. No entanto, o sobrepastoreio da terra tem frequentemente levado à redução da fertilidade do solo e à exposição à erosão do solo, o que resulta na incapacidade de crescimento das gramíneas, mas não afecta o crescimento de arbustos de raízes profundas que recrutam e suprimem as gramíneas (Zziwa et.al 2011).

Houve um aumento da população animal em dez anos atrás e após a introdução da pecuária, isto pode ter sido em grande parte devido à vantagem comparativa de raças cruzadas devido à sua capacidade de alimentação diversificada, capacidade de suportar a seca (escassez de água e alimentos), Um impacto adverso sobre o ambiente local está a ser relatado devido à introdução e crescimento da população de raças de gado exóticas na paróquia de Kyeyindula; Apesar das flutuações periódicas dos vários tipos de gado, a mudança líquida ao longo das últimas três décadas parece estar a aumentar (Zziwa et al.,2011). Esta tendência na população de gado está de acordo com os padrões gerais das pastagens, conforme revelado pela análise de deteção remota.

5.1.3: Produção vegetal e alteração da ocupação do solo

A expansão das terras cultivadas, tal como se pode ver nas imagens de satélite em Kakooge, foi confirmada por entrevistas com habitantes que indicaram que a conversão de terras foi causada pelo elevado número de jovens à procura de terras porque não havia oportunidades de emprego fora da agricultura. De acordo com um inquérito efectuado na paróquia de Kyambogo, 12,8% das famílias rurais não têm acesso à terra (KDP, 2011). Por conseguinte, é imperativo procurar outras opções para fazer face à crescente escassez de terra e à falta de terra. Por exemplo, como sugerido por um autor, o acesso a terras agrícolas pode ser melhorado através do desenvolvimento de mercados de aluguer de terras (Benin et al., 2002). Consequentemente, o gabinete de gestão de terras do sub-condado está a considerar se os jovens sem terra podem aceder a outras áreas pertencentes a igrejas e escolas.

Em geral, os inquiridos têm opiniões contrastantes sobre o estado da terra cultivada ao longo do tempo. Alguns deles argumentaram que a mudança líquida na terra cultivada é negativa, pois a quantidade de terra adicional alocada para o cultivo é menor do que a quantidade de terra abandonada devido à degradação da terra e à expansão dos assentamentos. Por outro lado, as terras cultivadas registaram um aumento devido à invasão de terras comunitárias, como os prados, os arbustos e o encerramento da prática do pousio devido ao problema da escassez de terras. Além disso, a análise das imagens de satélite revelou que as terras cultivadas aumentaram apenas durante o último período, seguido de um declínio contínuo nas outras utilizações do solo, tornando a alteração líquida positiva. A agricultura expandiu-se para as florestas, savanas e estepes em todas as partes do mundo para satisfazer a procura de alimentos e fibras (Lambin et al., 2003). Com base em dados de diversas fontes, a Avaliação Global dos Recursos Florestais 2000 estimou que as florestas naturais do mundo diminuíram em 16,1 milhões de hectares por ano, em média, durante a década de 1990, o que representa uma perda de 4,2% da floresta natural que existia em 1990 (Lambin et al., 2003).

O cultivo e a vedação associada da terra para proteger a destruição não só reduzem os recursos de pastagem para o gado mas também restringem os movimentos dos animais em busca de água e forragem, especialmente durante a estação seca. Nos últimos 50 anos na África Oriental, tem havido uma expansão da agricultura à custa das terras de pastagem (Olson e Maitima, 2006). Isto leva a um aumento do sobrepastoreio das terras restantes, acelerando assim a degradação das pastagens. O sobrepastoreio também significa que os animais comem a maior parte do material vegetal disponível, tanto fresco como seco, na luta pela sobrevivência. Nesta situação, a deposição de folhada, que é uma importante fonte de alimento para a maioria das espécies de térmitas em Kakooge, é limitada. As térmitas que se alimentam de folhada recorrem à vegetação fresca, competindo com o gado e aumentando assim a pressão sobre as pastagens, o que resulta em níveis sem precedentes de degradação da terra e na criação de imensas manchas de solo nu. Os danos causados pelas térmitas são inequívocos tanto nas pastagens como nas terras de cultivo, uma vez que recorrem à alimentação em vegetação fresca devido à escassez de materiais secos e são, portanto, considerados como uma grande ameaça à disponibilidade de forragem no subcondado de Kakooge (Mugerwa et al., 2011). Uma vez que os resíduos das culturas não são utilizados na alimentação do gado para aliviar o fardo do sobrepastoreio das pastagens durante a estação seca, a introdução e intensificação da produção de culturas nas comunidades pastoris de pastagens não tem qualquer ligação com a produção de gado e, por conseguinte, contribuiu grandemente para os actuais níveis elevados de degradação das terras e para a diminuição das áreas de pastagem para o gado.

De acordo com Kyagaba (2005), o rendimento das culturas era elevado antes da década de 1980, mas, devido à seca, tem vindo a diminuir de ano para ano, e o tipo total de culturas diminuiu de nove para quatro. Num esforço para aumentar a produtividade das culturas, foi tentado o uso de fertilizantes, mas não foi promissor, pois as culturas queimaram devido às condições de temperatura quente e à falta de água. Nos fundos das zonas húmidas, uma proporção significativa de terra é perdida devido à deposição de areia, o que constitui outro problema que dificulta o potencial da terra para a produção. Assim, o stress da humidade do solo devido à falta de fiabilidade da precipitação, a degradação das terras, a utilização limitada de fertilizantes orgânicos e o pouco sucesso da utilização de fertilizantes sintéticos, a baixa diversidade das culturas, a diminuição da dimensão das explorações familiares e a falta de terra parecem ser os principais desafios que a produção agrícola enfrenta.

No entanto, devido ao crescimento populacional, à expansão da degradação da terra, ao declínio da fertilidade do solo e ao subsequente declínio da produção, para alimentar a população em crescimento, as áreas comunais, atribuídas como terras de pastagem e cobertas de vegetação, foram convertidas em terras cultivadas e sofrem de grave invasão. A simplificação dos ecossistemas naturais com usos agrícolas inicia processos que levam a perdas e substituições de biomassa e de espécies, afectando a abundância da biodiversidade (Buyinza, 2004)

Considerando os padrões de uso da terra, os padrões de cobertura de terra cultivada e assentada podem ser mais vulneráveis, a proporção de terra propensa à erosão do solo aumentou provavelmente devido à fase de transição da cobertura lenhosa degradada para pastagens. Como Getachew (2010) salienta, a remoção da cobertura protetora expõe a terra aos impactos das gotas de chuva, este processo acelera o desprendimento e a remoção das partículas do solo. Erosão hídrica resultante da queima sazonal de capim e arbustos como parte do método de uso da terra de cultivo, ou para rejuvenescimento de pastagens, ou para facilitar a caça. Estes incêndios expõem a terra à erosão hídrica nas estações chuvosas e à erosão eólica durante os períodos secos, o que foi evidenciado por grandes ravinas ao longo das encostas de Kyeyindula-Bukabi na paróquia de Kyeyindula; a acumulação de fumo contribui para a acumulação de dióxido de carbono atmosférico e para a correspondente mudança climática regional. Enquanto (NDER, 2007; NEMA, 2009), complementam que a libertação contínua de fumo torna a atmosfera mais vulnerável a alterações.

A invasão maciça das zonas húmidas para a produção de culturas e extensões de gado leiteiro pode ter resultado na perda de biodiversidade, na redução da qualidade da água e em inundações ocasionais. Muitos agricultores também foram encontrados a praticar o cultivo em terras marginais e ecossistemas frágeis (zonas húmidas). As zonas húmidas foram recuperadas para a agricultura, o que levou à alteração das suas propriedades físicas e químicas devido à exposição prolongada, resultando em acidificação, noutras áreas os solos parecem ser demasiado tóxicos para a maioria das plantas, tornando a área estéril. Embora isto possa ser verdade, uma vez que

Nature Uganda (2004), relata que a dependência notória das comunidades locais dos recursos das zonas húmidas levou ao seu declínio persistente.

A degradação da terra na forma de erosão de ravinas é relatada como sendo um problema na área de estudo em maior magnitude na paróquia de Kyeyindula, o que trouxe um aumento significativo na área de terra cultivada fora de produção. O uso insustentável e impróprio da terra e as mudanças na cobertura da terra são as principais causas da degradação da terra (Bossio et al. 2007).

De acordo com os inquiridos, após a transformação do uso e da ocupação do solo nas áreas de estudo, as condições climáticas mudaram significativamente. Os inquiridos referiram uma tendência para uma estação das chuvas mais curta, que começa mais tarde e termina mais cedo, com um padrão relativamente menos previsível do que antigamente. Em particular, os inquiridos observaram que havia um padrão de precipitação mais regular e previsível há três décadas, com uma influência positiva nas várias actividades agrícolas.

É interessante notar que a comunidade evoluiu para outros mecanismos de previsão de possíveis resultados das suas práticas agrícolas, utilizando várias componentes das variáveis climáticas como substitutos. Por exemplo, as comunidades adquiriram uma experiência tradicional de que se houver precipitação suficiente no período de março a maio e de setembro a novembro. Há uma grande probabilidade de se obter uma boa colheita, desde que outros factores se mantenham constantes. Relativamente a este aspeto, existe uma crença local de que, se chover, se deve fazer um esforço extra para poupar os recursos disponíveis em casa, uma vez que existem fortes indicadores de que a colheita será boa.

A mudança na cobertura do uso da terra resultou parcialmente no avanço das condições de seca na área, as condições de seca estão a ser manifestadas pela falta de confiabilidade na precipitação, redução na quantidade recebida, redução da eficácia da precipitação e aumento da evaporação em AI = 0,43 na tabela 17. Foi relatado que as estações chuvosas mudaram muito e que, atualmente, os agricultores dificilmente distinguem as épocas de plantação e de colheita das culturas, tendo adotado várias práticas, incluindo a rega das culturas, devido à insuficiência da precipitação para aumentar a produção das culturas e harmonizar as mudanças nas estações agrícolas. De acordo com Chidumayo *et al.,* (2003), onde há árvores há vida, o que implica que a redução das florestas afecta diretamente a sobrevivência de diferentes organismos, incluindo o homem, uma vez que, através da formação de chuvas, podem até apoiar a agricultura, pelo que a sua conservação é muito importante.

Acredita-se que o aumento geral da concentração de dióxido de carbono atmosférico acima do limite superior de segurança (350 ppm) em 1988 tenha contribuído significativamente para o aumento da invasão lenhosa nos ecossistemas de savana em Nakasongola. Uma vez que os agricultores começaram a notar a invasão lenhosa em 1990 e, consequentemente, a tornar-se um problema de gestão de pastagens a partir de 1994 (NEMA, 1996), os níveis elevados de CO2 podem ter levado ao aumento da dominância de espécies lenhosas nas pastagens de Nakasongola, tal como observado anteriormente noutras regiões, o que acelera a queima de carvão.

CAPÍTULO 6

CONCLUSÕES E RECOMENDAÇÕES

6.1: Conclusões do estudo

Este trabalho de investigação demonstra a capacidade de interpretar dados obtidos por deteção remota, como imagens de satélite, que foram consideradas úteis na análise das alterações da utilização e da ocupação do solo no presente estudo.

As implicações das abordagens de uso da terra no sub-condado de Kakooge mostraram a existência de mudanças apreciáveis na cobertura do uso da terra ao longo do tempo. Na análise, os sistemas identificados de uso e cobertura da terra incluíram: área construída, estabelecimento de pinheiros, matagais, prados, zonas húmidas, bosques, terras agrícolas comerciais e terras agrícolas de subsistência.

O sub-condado de Kakooge enfrentou uma diminuição significativa de bosques, plantações florestais, zonas húmidas e matagais desde 1987, associada a um aumento significativo de outros sistemas reconhecidos de cobertura do uso do solo, como construções, pastagens e outros.

As mudanças na cobertura do uso da terra ao longo do tempo mostraram uma maior influência dos aspectos socioeconómicos, políticos e ecológicos nos ecossistemas de pastagens existentes. Estes aspectos variam entre o crescimento da população, a pobreza, o restabelecimento da paz, a atividade das térmitas e o desenvolvimento de infra-estruturas. Por conseguinte, o cultivo, o estabelecimento de pinheiros, a criação de gado, a invasão de arbustos e de madeira são apontados como as mudanças mais generalizadas de uso e cobertura da terra no Subcondado.

As mudanças significativas na cobertura do uso da terra podem ter resultado, em geral, na deterioração do ecossistema através do aumento da área propensa à erosão, da escassez de água, da destruição das terras de mato originais, das zonas húmidas e dos tipos de vegetação desejáveis (árvores, arbustos, etc.), o que pode ter diminuído diretamente a produtividade e a capacidade de carga da área. Como resultado, as populações locais mudaram os padrões de utilização da terra (por exemplo, expansão de terras agrícolas comerciais, agro-silvicultura), procurando mais actividades geradoras de rendimento, como a venda de lenha e carvão para os centros urbanos. Estas últimas actividades podem levar a perturbações ecológicas irreversíveis, a menos que sejam tomadas medidas de intervenção adequadas.

Verifica-se uma perturbação de algumas funções ecológicas devido à pressão criada sobre a regeneração e a dinâmica dos arbustos e árvores dispersos nas terras agrícolas, perto das habitações e nas áreas comunitárias desprotegidas. Um agricultor chegou mesmo a observar que "todas as espécies de arbustos e árvores que se encontram atualmente dispersas nas terras agrícolas são aquelas que terminaram a sua fase de plântula/broto e cresceram até se tornarem árvores antes da chegada das carvoarias à zona". Isto significa que a sucessão está seriamente comprometida e que a capacidade de regeneração de algumas espécies bem adaptadas a Kakooge está a ser afetada. Do mesmo modo, devido ao facto de a maioria das terras de arbustos/arbustos ser de acesso livre para o homem e os animais e à consequente pressão criada pela recolha de lenha e pelo pastoreio, a capacidade de regeneração, a distribuição e o estado de algumas espécies de árvores/arbustos são prejudicados.

6.2: Recomendações do estudo

As mudanças na cobertura do uso da terra tiveram implicações negativas na área. Sugere-se, portanto, que se encoraje as pessoas a praticarem a agroflorestação com espécies arbóreas locais, como a Albizia, a Acacia, e a reflorestação na periferia das zonas húmidas e das terras desflorestadas, através da concessão de incentivos, como mudas de árvores e estratégias de plantação maciça de árvores disponíveis a nível nacional, que ajudarão a melhorar o bem-estar das famílias rurais e a proteção do ambiente. Também é necessário conceber estratégias de desenvolvimento, proteção e utilização dos recursos florestais para contrariar a deterioração dos arbustos/arbustos e evitar uma maior extinção de espécies importantes de arbustos/árvores e a migração dos animais selvagens associados.

Face à crescente escassez de terras ao nível dos agregados familiares e ao número crescente de jovens sem terra, será imperativo criar e reforçar as actividades geradoras de rendimentos não agrícolas/fora das explorações agrícolas, devido à capacidade limitada das terras para acolher a população adicional.

Tal como revelado pelo inquérito socioeconómico, a concessão de terrenos a investidores no subcondado é feita sem o consentimento da comunidade, o que gera tensão e falta de confiança. De acordo com os líderes do subcondado, estão a ser envidados esforços para disponibilizar áreas adicionais para novos investidores. Por conseguinte, a participação da comunidade e a obtenção da sua aprovação são altamente necessárias antes da disponibilização de terras aos investidores e da tomada de decisões semelhantes, a fim de evitar conflitos.

A designação de intervenções que podem ser sincronizadas com a gestão conjunta é muito importante, uma vez que um esforço para melhorar os meios de subsistência da comunidade e a importância económica através da reabilitação, encerramento e distribuição de colinas degradadas ou outras práticas de conservação tem de ser lançado para minimizar a degradação da terra.

O projeto Redd+, que engloba actividades de gestão florestal, investigação e extensão, trouxe vários benefícios positivos. No entanto, alguns anos após o termo do projeto, foram também comunicados impactos negativos devido a algumas das intervenções. Por conseguinte, é necessário um estudo mais aprofundado para compreender melhor os desafios actuais e avaliar os impactos globais, a fim de efetuar correcções imediatas e retirar lições importantes para alargar a experiência a outras áreas.

REFERÊNCIAS

Agarwal, C., Green, G. M., Grove, J. M., Evans, T. P., e Schweik, C. M., 2002. A Review and Assessment of Land-Use Change Models: Dynamics of Space, Time, and Human Choice. Relatório Técnico Geral NE-297. Newtown Square, Pennsylvania: Departamento de Agricultura dos EUA, Serviço Florestal, Estação de Investigação do Nordeste. 61 pp.

Ayana 2007, The dynamics of Savanna Ecosystems and Management in Borana, Southern Ethiopia; tese de doutoramento; Norwegian University of Life Sciences, Noruega.

ATKINS International (Nov. 2005). Comissão das Comunidades Europeias Perfil ambiental do país Uganda, HarressPickel consult AG. Projeto de relatório

Baulies, X., e Szejwach, G., 1998. LUCC data requirements workshop survey of needs, gaps and priorities on data for land-use/land-cover change research organized by IGBP/IHDP-LUCC AND IGBP- DIS, Barcelona, Spain, 11-14 November 1997 LUCC report series no. 3.

Chidumayo, E.N. & Kwibisa, L. 2003. Effect of deforestation on grass biomass and soil nutrient status in miombo woodland Zambia. Agriculture, Ecosystem and Environment 96: 97-105.

Chipika, J.T. & Kowero, G. 2000. Desflorestação de florestas em áreas comunais do Zimbabué: deve-se às políticas agrícolas? Agriculture, Ecosystems and Environment 7: 175-185.

Clarke, P.J., Knox, K.J.E., Willis, K.E. & Campbell, M. 2005. Padrões paisagísticos da resposta das plantas lenhosas ao fogo de copa: A perturbação e a produtividade influenciam a capacidade de germinação. Journal of Ecology 93: 544-555.

Chrysoulakis, N., Kamarianakis, Y., Farsari, Y., Diamandakis, M. e P.Prastacos, 2004. Combining Satellite and Socioeconomic data for Land Use Models estimation. In Goossens, R. (Editor), Proc. Of 3rd Workshop of EARSeL Special Interest Group on Remote Sensing for Developing Coutries (no prelo).

Codjoe, S.N.A., 2007. Integração de dados de Deteção Remota, SIG, Censos e Socioeconómicos no Estudo do Nexo População-Uso da Terra/Cobertura no Gana: A Literature Update. Africa Development, Vol. XXXII, No. 2, pp. 197-212.

Dale, V.H., Brown, S., Haeuber, R.A., Hobbs, N.H., Huntly, N., Naiman, R.J., Riebsame, W.E.,Turner, M.G. & Valone, T.J. 2000. Ecological Principles and Guidelines for Managing the use of Land. Aplicações Ecológicas 10(3): 639-670.

Dauber, J. & Wolters, V. 2000. Atividade microbiana e diversidade funcional nos montículos de três espécies diferentes de formigas. Soil Biology and Biochemistry 32: 93-99.

Departamento para o Desenvolvimento Internacional (DFID). 1999. Sustainable livelihoods Guidance sheets, de http://www.eldis.org/vfile/upload/1/document/0901/sectio2.pdf. Acedido em 9.04.2009.

Ezzati et al., 2001. Towards an integrated framework for development and economic policy: the dynamics of environmental Kuznets curves. Desenvolvimento Mundial 29:1421-1434

FAO, 2004. Sistema de classificação da ocupação do solo. Centro Temático da Cobertura do Solo. Roma, Itália.

FAO, 2007. Árvores fora das florestas, para uma melhor consciencialização, guia de conservação 35.9 - 35, FAO, Roma & ACCARD.

FAO, 2010. Agricultura de Conservação, solos da FAO, Boletim 78, ONU, Roma, Itália.

Getachew et al., 2010, Land use cover dynamics and its implications since the 1960's in the Borana Rangelands of Southern Ethiopia, Yello pastoral and dry land agriculture at Research Centre Ethiopia.

Gobin, A., Campling, P. & Feyen, J. 2001. Spatial analysis of rural land ownership (Análise espacial da propriedade fundiária rural). Landscape and Urban Planning 55:185-194.

IPCC, 2001. Climate Change 2001, Impacts, Adaptation, and Vulnerability. Contribuição do Grupo de Trabalho II para o Terceiro Relatório de Avaliação do IPCC (TAR). Cambridge University Press, Cambridge, Reino Unido.

IPCC, 2007. Climate Change 2007: Impactos, Adaptação e Vulnerabilidade. Relatório do Grupo de Trabalho II. Cambridge University Press, Reino Unido, pp. 973.

Kafeero Fred vol. 58, 2007,The impact of water shortage on forest resources -the case of Uganda, environment alert, Kampala Uganda.

Plano de desenvolvimento de Kakooge, 2011. Plano estratégico para o subcondado de Kakooge para 2011/2016

Kalema, 2010. Tese de doutoramento; diversidade, utilização e resiliência de espécies lenhosas numa savana equatorial africana de utilização múltipla, no centro do Uganda, Joanesburgo, setembro de 2010

Kigenyi, 2002. Análise de políticas e mudança institucional, permitindo o envolvimento da comunidade na gestão florestal na África Oriental e Austral IUCN - EARO Nairobi

Kisamba-Mugerwa, 2001. Rangeland policy management in Uganda ,Hammanet-Tunisia.

Kyagaba Emmanuel, 2004. Artigo de jornal sobre povos nómadas, vol.8, 2004, técnicas de avaliação e monitorização de terras de cultivo entre os Bahima pastoris no Uganda.

Lambin et al., 2001. What Drives Deforestation? A Meta-analysis and Underlying Causes of Deforestation based on Sub-national Case study Evidence. Louvaine-la-Neuve (Bélgica): LUCC International Project Office, LUCC Report Series no. 4.

Lambin, E.F., Geist H.J., e lepers, E., 2003. Dynamics of land-use and landcover change in tropical regions, revisão anual dos recursos ambientais, 28:205-41.

Lambin, E.F., 2005. Conditions for sustainability of human-environment systems: Information, motivation, and capacity, Global Environmental Change 15 (2005) 177-180, Elsevier.

Luoga, E.J., Witkowski, E.T.F. & Balkwill, K. 2002. Stocks de madeira colhida e em pé em bosques de miombo protegidos e comunitários do leste da Tanzânia. Forest Ecology and Management 16:15-30.

MAAIF, 1997. Relatório de Conclusão Interna do Projeto de Serviços Pecuários, Uganda Kampala.

McCarthy N. 2002, The Effects of Environmental Variability on Livestock and Land Use Management; the Borana Southern Ethiopia; Socio-Economics and Policy Research working paper 35. ILRI (Instituto Internacional de Investigação Pecuária), Nairobi, Quénia.

Magurran, A.E. 2004. Measuring Biological Diversity. Blackwell Science Ltd. pp. 1-26.

MEA, 2005a. Ecosystems and Human Well-Being: Biodiversity Synthesis: Island Press, World Resources Institute, Washington, DC.

MEA, 2005b. Ecossistemas e Bem-estar Humano: Síntese sobre a Desertificação: Island Press, Instituto de Recursos Mundiais, Washington, DC.

Jornal Monitor (setembro de 2009), Dia Nacional do Ambiente, editoras Monitor, Kampala

Muleneh, 2003. Impact of Population Pressure and Landuse and Landcover Changes,agricultural System and Income Diversification in West Guraque, Ethiopia. Dissertação de doutoramento, apresentada à Universidade Norueguesa de Ciência e Tecnologia, Trondheim, 340p.

Mustard, J.F., Defries, R.S., Fisher, T., Moran, E.F., 2004. Land-use and land cover change pathways and impacts. Países Baixos, pp. 411-429 Use Change Detection and Analysis in the Semi-Natural Ecosystems and Agriculture Landscapes of the Central Ethiopian Rift Valley. Tese de doutoramento, Instituto de Fotogrametria e Deteção Remota, Universidade Tecnológica de Dresden, Alemanha.

Muwanga Stephen, 2006. Desenvolvimento de um programa nacional para a gestão sustentável da terra.

MWLE, 2001. Forest sector review report forest Department, Kampala.

MWLE, 2002. Livestock production in Uganda, Kampala

MWLE, 2008/09. Um resumo do desempenho do sector da água e do ambiente para o ano financeiro de 2008/2009 no Uganda.

Conselho Distrital de Nakasongola (2009), Relatório distrital sobre o estado do ambiente.

NARO, 2005. Jornal do Uganda de Ciências Agrícolas 2005, 11:34, 39 impresso em Uganda Kampala

NEMA, 2004/5. Relatório sobre o estado do ambiente, Ministério dos Recursos Naturais, Kampala

NEMA, 2007. A necessidade de utilização e gestão sustentáveis dos recursos de pastagem do Uganda. 4(20)

NEMA, 2007. Impress Integrated ecosystem assessment of the Lake Kyoga catchment, Autoridade Nacional de Gestão Ambiental http:www.nemaug.org.

NEMA, 2009. O boletim informativo da Gestão Ambiental Nacional sobre alterações climáticas Vol No. 3, P2 - 3, Kampala

PNL, 2007. A política de utilização dos solos do Uganda, Kampala Uganda

Owoyesigire B, et al., 2008. Factores socioeconómicos que afectam a produtividade hídrica do gado em sistemas de produção pastoris alimentados pela chuva. Procedimentos do segundo Fórum Internacional sobre Água e Alimentos. 10 a 16 de novembro de 2008, Adis Abeba, Etiópia. Volume II - Documentos da Sessão Científica do IFWF2 p. 75 - 78.

Purtauf et al., 2001. Effects of changes in landscape patterns on carabiddiversity and community structure. pp 70-75. In: Mander, U., Printsmann, A. & Palang, H. (Eds.) Development of European landscapes. Publicationes Instituti Geographici Universitis

Richards, J.F. 1990. Transformações da terra. pp. 163-178. A terra transformada pelo homem

26 action: global and regional changes in the biosphere over the past 300 years. Cambridge University Press, Nova Iorque, Nova Iorque, EUA.

Shackleton, C.M., Shackleton, S.E., Netshiluvhi, T.R. & Geach, 2002. Valor de uso direto dos recursos florestais em três povoações rurais, África do Sul. In: Campbell, B.M e Luckert, M.K. (Eds.) Uncovering the hidden harvest. Valuation methods for woodland and forest resources. Earthscan Publications, Londres, Reino Unido.

UBOS, 2009. Estimativas do recenseamento nacional dos agregados familiares 2000.

(http://www.ugandadish.org/nakasongola.doc, consultado em 17/11/2005).

UBOS, 2002. Uganda population and house hold census report 2004.http://www.ubos.org.

PNUD, 2007. UgandaRelatório de Desenvolvimento Humano 2007, Programa das Nações Unidas para o Desenvolvimento, Kampalahttp://www.undp.org.

PNUD, 2005. Uganda Human Development Report 2007, Programa das Nações Unidas para o Desenvolvimento, Kampala.http://www.undp.org.

Vanegas, M. e Akwang, 1992. Uma análise económica dos custos de produção e dos preços do leite no Uganda. Faculdade de Agricultura e Silvicultura, Universidade de Makerere

Waldhardt, R. & Otte, A., 2003. Indicadores de espécies vegetais e diversidade de comunidades em prados. Agricultural Ecosystems and Environment 98: 339-351.

Witkowski, E.T.F. & Garner, R.D. 2008. Produção de sementes, dinâmica do banco de sementes, rebrota e resposta a longo prazo à limpeza da invasora Solanum mauritianum num ecossistema ribeirinho temperado a subtropical. South African Journal of Botany 74: 476-484.

Yarie, J.K., Viereck, K., Van Cleve & Adams, P. 1998. Inundações e dinâmica do ecossistema ao longo do rio Tanana. BioScience 48: 690-695.

Zziwa, et al., 2011. Alterações nas coberturas e usos do solo nas pastagens do Uganda central, impactos na qualidade do solo e na produtividade das pastagens, Nairobi-Kenya.

Zubair, A. O., 2006. Change detection in land use and Land cover using remote sensing data and GIS (A case study of Ilorin and its environs in Kwara State), Msc Thesis, University of Ibadan, Nigeria.

APÊNDICE 1

QUESTIONÁRIO DE ESTUDO PARA OS MEMBROS DA COMUNIDADE.

Tópico de investigação: Os efeitos da dinâmica da cobertura do uso da terra no ecossistema de pastagens no Uganda entre 1987 e

2005. Um estudo de caso do sub-condado de Kakooge, distrito de Nakasongola

Primeira parte

Questionário para a população local na área de estudo

Gestão de dados

Código do entrevistador:................Data:................ Hora da entrevista:.............................

DESCRIÇÃO DA ÁREA

1. Conselho de aldeia/local 1 ....2 . Freguesia/Conselho local II ....

A: DADOS BIOLÓGICOS DO AGREGADO FAMILIAR

2. Sexo dos inquiridos. Masculino2□Feminino

3. Género do chefe do agregado familiar1 . Masculino2 .□Feminino

4. Nível de instrução mais elevado do chefe do agregado familiar e do(s) cônjuge(s)

Primário□ Secundário

□ Faculdade/Universidade□ Profissionalizante□ Nenhum

5. Dimensão do agregado familiar (número) □ 1-5 □ 6-10 □>10

6. É proprietário de um terreno 1<11 dec □2>11 dec□

7. Proximidade do agregado familiar à zona húmida e às florestas; 1 dentro da zona húmida □, 2 a viver perto da zona húmida, □ 3 Nenhum □

8. Há quanto tempo vive nesta zona? Assinalar (^)

□ 1-6 anos □ 7-12 anos □>13 anos

9. Qual é a principal atividade que desenvolve nas pastagens? Assinalar (^)

Jardinagem doméstica	
Pastoreio de animais	
Fabrico de tijolos	
Carvão vegetal	
Recolha de água	
Outros (especificar)	

9. Quais são os benefícios da conversão de zonas húmidas, prados e florestas noutras utilizações do solo acima referidas?

10. Quais são os custos da conversão para outras utilizações do solo acima referidas?

11. O que é que faria se tivesse de deixar de utilizar estes recursos? (Como fazer face e satisfazer as necessidades atualmente fornecidas pelos recursos) ....

B. Serviços e produtos dos ecossistemas das pastagens

12. Quais foram os serviços e produtos do ecossistema fornecidos no passado (há 12 anos) pelas zonas húmidas e outras coberturas de terra para si e para a sua comunidade?

Tipos de serviços	Serviços e produtos (1990 - 2011)	Houve (alteração) aumento ou diminuição dos serviços e produtos das zonas húmidas e das florestas (Sim/Não)
Lenha		
Alimentação		
Rendimento		
Serviços culturais		
Se outros Especificar		

C. Alterações na cobertura das pastagens (factores determinantes e sinergias)

13. O que poderá estar por detrás das alterações dos serviços ecossistémicos prestados pelas pastagens mencionadas acima Assinale (√)

i. cultura humana

ii. plantações comerciais e utilização de agro-químicos;

iii. Fabrico de tijolos

iv. introdução de novas plantas ou espécies;

v. política governamental

vi. outras formas de utilização dos solos

14. Que alterações ocorreram nas zonas húmidas/ bosques (realce as alterações na área,

15. Como é que as mudanças nos serviços ecosistémicos referidas no nº (14), acima, afectaram o bem estar humano (segurança alimentar, rendimento e saúde e outros factores no seu agregado familiar?

D. Gestão das pastagens

16. Quais são os esforços actuais que estão a ser feitos para conservar as terras de pastagem?

i)) Indivíduo ....

ii) Governo/LC s ....

iii) Comunidade..

iv) ONGs/ OCBs ....

b) . Na sua opinião, considera que os esforços acima referidos são eficazes? Em caso negativo, porquê?

c) O que pode acelerar a degradação desta zona húmida, dos bosques e dos prados?.................

17. Na sua opinião, qual seria a melhor estratégia a aplicar para conservar as zonas húmidas, as florestas e os prados?

Obrigado,

Mbaziira James

Segunda parte

Questionário para as instituições governamentais envolvidas na monitorização e gestão das pastagens (NEMA e Divisão de Inspeção de Zonas Húmidas)

Questionário de avaliação dos recursos das pastagens de Kakooge

Caro entrevistado, estou a realizar uma avaliação da vulnerabilidade das pastagens às práticas de utilização da terra. Estou a tentar determinar os serviços ecossistémicos passados e actuais prestados pelas pastagens, os custos e benefícios da conversão dos recursos das pastagens de Kakooge para outros usos e a avaliação dos factores que estão por detrás da sua mudança.

Gestão de dados

Código do entrevistador: Data:...............

Nome da entrevista ....

Designação...

Nome da instituição ....

A: DADOS PESSOAIS BIOGRÁFICOS

Sexo do inquirido: 1. □ Masculino2 . □ Feminino

SECÇÃO B PAPEL DAS ORGANIZAÇÕES:

1. Qual é o mandato desta instituição (NEMA ou outras) na gestão adequada das pastagens de Kakooge - Nakasongola?..

2. Como é que os serviços do ecossistema das pastagens mudaram ao longo do tempo (isto é, desde a criação do NEMA 1995)? ....

3. Quais são os principais factores de mudança?..

4. Na sua opinião, quais são os benefícios resultantes da conversão das pastagens para outras utilizações?

5. Na sua opinião, quais são os custos decorrentes da reconversão das pastagens para outras utilizações?

6. Quais são as estratégias de gestão que estão a ser postas em prática para garantir a utilização sustentável das pastagens?

Obrigado

Mbaziira James

APÊNDICE 2

FORMULÁRIO DE DADOS PARA INFORMAÇÕES SOBRE A OCUPAÇÃO DO SOLO E A AMOSTRA

Formulário de dados e informações sobre a amostra				
Folha nº.	Nome da localidade:		Tipo de coberto vegetal	Quadrado nº.
Observador:			Unidade de mapeamento Código:	Código de exemplo:
Data:	Tamanho do terreno:		Coordenadas X:	Y:
Altitude (m):	Textura do solo:		Declive (%):	
Distância a uma linha de drenagem:		Descrição da drenagem:		
Estrutura da vegetação		Composição das espécies		

Camada e % de cobertura	Código da camada	% Cobertura da camada	Altura (m)	N.º de espécies	Nome local	Nome científico	Altura (m/cm)	% cobertura
CAMADA DE ÁRVORES	T1							
	T2							
CAMADA DE SHRUB	S1							
	S2							
	S3							
CAMADA DE RELVA	G1							
	G2							
PÂNTANO/ÁREAS HÚMIDAS	F1							
	F2							

Outras observações/comentários ambientais	
Utilização do solo/Cobertura	
Pastoreio	
Incêndios	
Sinais de inundação	
Comentários sobre a aula de capa	

Danos em árvores e arbustos	
Fenologia (floração, frutificação, etc.)	

MIX
Papier aus verantwortungsvollen Quellen
Paper from responsible sources
FSC® C105338

Printed by Books on Demand GmbH, Norderstedt / Germany